网络安全与信息处理研究

龙曼丽 著

北京工业大学出版社

图书在版编目（CIP）数据

网络安全与信息处理研究 / 龙曼丽著． — 北京 ：北京工业大学出版社，2020.12（2021.11 重印）
ISBN 978-7-5639-7760-4

Ⅰ．①网… Ⅱ．①龙… Ⅲ．①计算机网络－网络安全－研究②信息处理－研究 Ⅳ．① TP393.08 ② TP391

中国版本图书馆 CIP 数据核字（2020）第 248394 号

网络安全与信息处理研究

WANGLUO ANQUAN YU XINXI CHULI YANJIU

著　　者： 龙曼丽
责任编辑： 李俊焕
封面设计： 知更壹点
出版发行： 北京工业大学出版社
（北京市朝阳区平乐园 100 号　邮编：100124）
010-67391722（传真）　bgdcbs@sina.com
经销单位： 全国各地新华书店
承印单位： 三河市明华印务有限公司
开　　本： 710 毫米 ×1000 毫米　1/16
印　　张： 12.25
字　　数： 245 千字
版　　次： 2020 年 12 月第 1 版
印　　次： 2021 年 11 月第 2 次印刷
标准书号： ISBN 978-7-5639-7760-4
定　　价： 45.00 元

作者简介

龙曼丽 女，1977 年 9 月生，吉林省长春市人，毕业于东北师范大学，本科学历，高级工程师，就职于吉林大学。研究方向：教育技术专业，外语实验室智能管理，安全管理，计算机机房的管理、设计，机房的网络和网络安全的管理、设计等。

前　言

在信息科技快速发展的今天，计算机信息技术已经融入人们生活中的方方面面。计算机技术的普遍应用虽然为人们的生活增添了许多便捷，但同时，在互联网优势突显的大背景下，互联网的安全问题也成了长久以来阻碍互联网技术向更深处发展的重要因素。网络安全技术是一项综合且复杂的技术，无论进行何种信息技术处理，保障信息安全性都是首要考虑因素。本书从网络安全角度出发，研究探讨了在此前提下的计算机信息处理技术。

全书共七章。第一章为绪论，主要包括网络安全的界定，网络安全与社会的联系，网络安全的内容，基本要素及体系结构，网络与信息安全的重要性等内容；第二章为网络安全现状分析，主要包括网络安全的现状、网络安全问题的起因分析、网络安全的威胁及其防范等内容；第三章为网络安全的相关技术，主要包括防火墙技术、信息加密技术、网络加密技术、入侵检测技术等内容；第四章为网络信息处理的环境分析，主要包括信息处理概述、网络信息处理平台、网络信息处理环境、网络信息处理脚本语言等内容；第五章为网络信息存取与系统开发，主要包括网络信息存取和信息系统开发等内容；第六章为云计算环境下的网络安全，主要包括国内外云计算安全研究现状、云计算面临的安全问题、云计算安全技术解决方案等内容；第七章为网络安全视角下的信息保护，主要包括网络信息保护概述、信息隐藏技术、数字水印技术、数据库安全技术等内容。

为了确保研究内容的丰富性和多样性，笔者在写作过程中参考了大量理论与研究文献，在此向涉及的专家学者表示衷心的感谢。

最后，限于笔者水平，加之时间仓促，本书难免存在一些不足之处，在此，恳请同行专家和读者朋友批评指正！

目　录

第一章　绪　论

在当今时代，网络已经成了人们学习、工作和生活的重要组成部分，网络环境的好坏决定了用户上网的质量和效率。随着互联网技术的快速发展，各种网络安全隐患也随之出现，这些安全隐患的出现与网络技术的发展有关，也和人们不重视网络安全问题有关。本章分为网络安全的界定，网络安全与社会的联系，网络安全的内容、基本要素及体系结构，网络与信息安全的重要性四部分，主要包括网络普及的现状、中国网络安全情况、网络安全的内容、网络安全基本要素等方面的内容。

第一节　网络安全的界定

一、网络的定义及发展

（一）网络的定义

网络以提升全球人类生活品质为使命，为人们提供各种互联网服务。以因特网（Internet）为代表的计算机网络是20世纪人类最伟大的科学发明之一，它更新了人们的生活理念和方式，扩充了人类的精神世界和物质世界，使人类可以用最简便的途径取得所需。以网络为核心的信息产业对世界文明的贡献程度远远超过了其他产业，网络生活、网络经济、网络伦理、网络文化等新生事物无不发生着深刻的变革。这是一个人类生活方式正随“网”而变的时代！

从字面上讲，网络通过物理链路将不同主机联通在一起，构成数据通信链路，从而达到资源共享和通信的目的。计算机网络则是将地理位置不同且具有独立功能的多个计算机通过通信设备和线路连接起来，再以功能完善的网络软件（网络协议、信息交换方式及网络操作系统等）实现网络资源共享的系统。

因此，可以将计算机网络看作将多台计算机终端、客户端、服务端通过计算机信息技术的途径，按照共同的网络协议互相联系起来的系统。通过网络可以实现资源共享、资料交换、保持联系、进行娱乐等功能。

根据《中华人民共和国网络安全法》第七十六条第（一）项可知，网络，是指由计算机或者其他信息终端及相关设备组成的按照一定的规则和程序对信息进行收集、存储、传输、交换和处理的系统。

（二）网络的产生

网络的产生主要经历了四个阶段。

第一个阶段：从 20 世纪 60 年代后期开始，这是网络的起源阶段。1969 年美国国防部高级研究计划署（ARPA）启动了计算机网络开发计划，开始阿帕网（ARPAnet）的建立工作，这是最早的互联网。ARPAnet 建立之初主要是为了方便美国四所大学（加州大学洛杉矶分校、加州大学圣巴巴拉分校、斯坦福大学和犹他州大学）之间的资源共享，同时，ARPA 在无线、卫星网的分组交换等技术领域也进行了探索研究，其直接成果就是产生了因特网（Internet）互联协议——传输控制协议 / 网际协议（TCP/IP）。这项研究成果对后来计算机网络的发展意义重大。

第二个阶段：20 世纪 80 年代，这是互联网的发展阶段。1983 年 ARPA 宣布将网络控制协议（NCP）向 TCP/IP 过渡，建立了以阿帕网为主干网的初期因特网，逐步实现了因特网替代阿帕网。TCP/IP 包括了传输层的 TCP 协议和网络层的 IP 协议，它对电子设备如何联入因特网和数据传输的标准进行了定义，是因特网最基础的协议。

第三个阶段：20 世纪 90 年代。1991 年万维网的发明者蒂姆·伯纳斯·李在 Internet 首次启动了万维网（World Wide Web，WWW）并开发出简单的浏览器，为人们提供了一种更方便的信息访问方式，同时推广万维网的工作和通信方式，这引起了极大的轰动，互联网开始向社会大众普及。1991 年 6 月，在所有接入 Internet 的计算机中，商业用户首次超过了学术界用户，这可以看作 Internet 发展史上的里程碑事件，从此 Internet 进入高速发展时期。

第四个阶段：自进入 21 世纪以来的这段时间。在这个阶段，互联网朝着移动互联网的方向呈现井喷式的发展，特别是随着移动通信技术的发展，越来越多的通信通过移动智能终端完成，人们的生活几乎完全可由移动互联网覆盖，自此互联网的发展进入一个全新的时代。

简单来说，万维网作为一种计算机网络，它以 Internet 为基础架构，使用户可以通过 Internet 存取和传递网络中不同计算机之间的信息。万维网是当今全世界最大的电子资料库，为人们的生活提供了极大的便利。

（三）国内网络的发展

万维网产生之后，在全球范围内就迅速发展，中国网络也开始逐渐接入国际互联网。在很大程度上，科研学术界的需求对于 Internet 在中国的发展和普及有重要的推动作用。1986 年 8 月 25 日，瑞士日内瓦时间 4 点 11 分，中国北京时间 11 点 11 分，高能物理所的吴为民通过卫星连接，从北京向位于瑞士日内瓦的斯坦伯格教授发送了一封电子邮件，这是第一封在中国境内操作发送的国际电子邮件。随后，1987 年 9 月 20 日，北京计算机应用技术研究所的钱天白教授向德国发送了著名的“越过长城，走向世界”的电子邮件，正式拉开了中国人民使用互联网的序幕。1990 年，中国正式在 ARPAnet 的网络信息中心注册了国家顶级域名“cn”。1994 年 4 月，中关村地区教育与科研示范网络工程接入 Internet，这标志着中国从此成为有 Internet 的国家，并得到国际社会的认可。到 1996 年，中国形成了四大计算机互联网（中国科学技术网、中国教育和科研计算机网、中国公用计算机互联网和中国金桥信息网）共存的局面。至此，互联网已不再是部分科学家学术科研的工具，新奇的网络开始走进中国的千家万户，通过传递一条条信息改变着人们的生活。

在随后的 20 年里，中国网络与世界网络基本同步进入高速发展期，网络开始爆炸性发展和普及。我们将国内网络的发展分为以下三个阶段。

1. 第一阶段：1997—2000 年

从 1997 年开始，人民网、新华通讯社网（后更名为新华网）等具有代表性的新闻门户网站相继建立。同一时期，以百度、盛大、阿里巴巴、天涯社区等为典型代表的网络公司相继成立。直至 2000 年，中国三大门户网站（网易、新浪、搜狐）在美国纳斯达克挂牌上市，掀起了国内网络行业的创业热潮。因网络即时性强、互动性强的特点，其开始逐渐成为公众发表社会舆论的重要平台。

网络的发展带动了一系列的管理制度创新。网络这一新兴产物同样离不开政府的管理，一系列的政策办法相继颁布，对网络的发展起着重要的引导和约束作用。

1997 年 5 月 20 日，国务院颁布了《国务院关于修改〈中华人民共和国计算机信息网络国际联网管理暂行规定〉的决定》，对《中华人民共和国计算机信息网络国际联网管理暂行规定》进行修正。

1997 年 12 月 30 日，公安部发布了由国务院批准的《计算机信息网络国际联网安全保护管理办法》。

1998 年 3 月 6 日，国务院信息化工作领导小组办公室发布《中华人民共和国计算机信息网络国际联网管理暂行规定实施办法》，并自颁布之日起施行。

2000 年 1 月 1 日，由国家保密局发布的《计算机信息系统国际联网保密管理规定》开始施行。

2000 年 9 月 25 日，国务院发布《中华人民共和国电信条例》，这是中国第一部管理电信业的综合性法规，标志着中国电信业的发展步入法制化轨道。同日，国务院公布施行《互联网信息服务管理办法》。

2000 年 12 月 28 日，第九届全国人民代表大会常务委员会第十九次会议表决通过《全国人民代表大会常务委员会关于维护互联网安全的决定》。

2. 第二阶段：2001—2008 年

在第二阶段，中国的网络商业模式开始逐渐形成自己的特色。2001 年，中国移动通信打造的“移动梦网”品牌正式推广，这是中国网络发展巨大的商业模式创新，以娱乐、短信、彩信、彩铃、定位等为核心的移动网信息服务业务（SP）发展迅速，并带动了网络游戏和网络广告的兴起。一系列新兴的网站随之而崛起，以博客为代表的 Web 2.0 概念进一步促进了中国互联网的推广，这也标志着互联网进入崭新的发展阶段。网络开始在各行各业广泛使用，同时，一系列迎合社会需求的新产品随之产生，如博客（Blog）、社交网络服务（SNS）等。到 2003 年，网易、新浪、搜狐三大网络公司均第一次实现了全年度的盈利。随之掀起了中国网络公司的第二轮上市热潮，TOM 集团、盛大、腾讯、空中网、前程无忧网、第九城市、征途、金山、阿里巴巴等网络公司纷纷上市。其中，2007 年阿里巴巴在香港上市首日市值便超过了腾讯和百度公司，更是远超网易、新浪、搜狐三大门户，形成了中国网络行业的新格局。

3. 第三阶段：2009—2020 年

随着国内网民规模的增长和网络公司的竞争力提升，又一新业务社交网络服务逐渐兴起，以微博、微信为代表的新服务逐渐取代了之前的博客，同时第三方支付软件、打车软件、团购软件、外卖软件、直播软件等新应用的产生，进一步改变了人们的生活方式，中国网络的发展再次掀起一个新的高潮。

在这段时期，网络安全的重要性与日俱增。2013 年 6 月，美国的绝密电子监听计划“棱镜门”事件曝光。美国国家安全局（NSA）前雇员爱德华 · 斯诺登将该局从 2007 年启动的“棱镜”（PRISM）秘密监控项目揭露，在国际社会上引起了轩然大波，引起了全球各个国家对网络空间安全的关注。“棱镜门”事件的发生间接导致了中国网络安全意识的觉醒，2014 年 2 月 27 日，由习近平总书记担任组长的中央网络安全和信息化委员会宣告成立。习近平总书记在讲话中指出，网络安全和信息化是事关国家安全和国家发展、事关广大人民群众工作生活的重大战略问题，要从国际国内大势出发，总体布局，统筹各方，创新发展，努力把我国建设成为网络强国。新设立的中央网络安全和信息化委员会将着眼国家安全和长远发展，统筹协调涉及经济、政治、文化、社会及军事等各个领域的网络安全和信息化重大问题，研究制定网络安全和信息化发展战略、宏观规划和重大政策，推动国家网络安全和信息化法治建设，不断增强安全保障能力。

最近 20 年，全球最大的事件就是中国的崛起，而中国的崛起背后最大的推动力就是中国互联网的崛起。互联网是中国崛起的催化剂，更是中国崛起的引擎。在中国互联网的催化之下，全民爆发了互联网精神和创业精神，这两股力量相辅相成，相互促进，自下而上地呼应了改革开放的大潮，助力并成就了中国的崛起。互联网成为中国社会与民众最大的赋能者，可以说，互联网是为中国准备的，因为有了互联网，21 世纪才属于中国。

二、网络安全的内涵与特征

（一）网络安全与信息安全的联系

网络安全与信息安全在近几年的各国战略安全制度文件和政策法规中频繁出现，同时在新闻报道和学术研究中也经常被引用。这两个名词交叉出现，并没有准确的概念区分。因此，首先需要对网络安全与信息安全之间的联系进行简要的分析与梳理，对网络安全在逻辑上有了清晰的认知之后，再对网络安全进行定义与研究。

网络安全与信息安全，二者之间既密切联系，又有着不同的侧重点和延伸内涵。信息安全的出现早于网络安全，据一些学者考究，信息安全一词最早是 20 世纪 60 年代美军通信保密和作战文献中使用的概念，而网络安全一词则是 20 世纪 90 年代初随着互联网的普及应用才产生的。我国的一些学者认为信息安全包括网络安全，网络安全是信息安全的核心。这是从狭义的角度来理解信息安全，二者在一定程度上可以相互使用，但并不能完全相互替代，有各自独特的部分。所谓信息安全，指保障国家、机构、个人的信息空间、信息载体和信息资源不受来自内外各种形式的危险、威胁、侵害和误导的外在状态和方式及内在主体感受。这是从广义的角度理解信息安全。信息安全可以广泛地代表各种与信息有关联的安全问题，而网络安全侧重于由网络带来的各类安全问题。

总而言之，虽然网络安全是在互联网飞快普及的大趋势下，从信息安全的概念发展而来的，二者在内涵上存在交集，但信息安全与网络安全并不完全等同。信息安全关注的关键点在于“信息”，不仅包括存在于信息系统或者说网络空间的信息，也包括更广泛意义上的物理空间信息，如通过传统纸质载体存储、流转的信息，以及国家秘密、商业秘密和个人隐私保护领域与网络空间并不相关的部分等；而网络安全不仅关注网络空间中“信息”的安全，网络信息基础设施的物理安全以及国家的控制力同样是网络安全的重要内容，而这些无论在狭义上还是广义上显然都已经超出了信息安全概念的内涵。

（二）网络安全的定义

进入 21 世纪以来，网络已经成为世界人民生活中不可或缺的一部分，网络安全一词在理论研究和相关实践中的使用频率越发增多。随着网络安全的发展，网络武器、网络间谍、网络水军、网络犯罪、网络政治动员等相继产生。不仅如此，网络安全和网络空间安全将安全的范围拓展至网络空间中所形成的一切安全问题，涉及网络政治、网络经济、网络文学、网络社会、网络外交、网络军事等诸多领域，使信息安全具有了综合性和全球性的新特点。

根据《中华人民共和国网络安全法》第七十六条第（二）项可知，网络安全是指通过采取必要措施，防范对网络的攻击、侵入、干扰、破坏和非法使用以及意外事故，使网络处于稳定可靠运行的状态，以及保障网络数据的完整性、保密性、可用性的能力。

（三）网络安全的特征

网络安全在国家安全中的地位越来越高，并迅速渗透到国家的政治、经济、文化、军事安全中去，成为影响政治安全的重要因素、保障经济安全的重要前提、维护文化安全的关键、搞好军事安全的保障。从逻辑层面来看，网络安全具有以下五大特征。

①保密性。信息不泄露给非授权用户、实体或过程，或供其利用的特性。

②完整性。数据未经授权不能进行改变的特性，即信息在存储或传输过程中保持不被修改、不被破坏和丢失的特性。

③可用性。可被授权实体访问并按需求使用的特性，即当需要时能否存取所需的信息，如网络环境下拒绝服务、破坏网络和有关系统的正常运行等都属于对可用性的攻击。

④可控性。对信息的传播及内容具有控制能力。

⑤可审查性。出现安全问题时提供依据与手段。

随着网络信息技术的迅猛发展，网络安全还呈现出一些新的特征。

①高风险性。目前计算机和网络技术广泛应用于石油、电力、银行、金融、交通、医疗等各行各业，整个国家的军用与民用设施都有信息网络的存在。网络就像一把双刃剑，既可以为人们的生活带来极大的便利，也可能给人们的生活带来巨大的危机。一旦网络出现漏洞或遭受攻击，造成的后果是不可估量的。正如理查德·克拉克所说，信息技术革命让我们把自己暴露在易受攻击的脆弱地位。

②难防范性。由于网络安全攻击源多种多样以及防范对象是不确定的，同时网络用户的基数庞大，每一个团体、组织和个人都可能是攻击与被攻击的对象，对网络安全可能造成的威胁范围非常广泛，所以难以对网络攻击进行有效防范。

③隐蔽性。网络的虚拟性和伪装功能导致在信息安全领域所遭受的危害往往难以为人所察觉。与传统的国家安全遭受威胁的酝酿过程较为透明，遭受安全威胁的国家有比较充分的时间来应对威胁不同，信息安全的威胁可能是在长时间潜伏而没有任何征兆的前提下突然发生并迅速蔓延的，能够在较短的时间内导致一个信息安全系统完全瘫痪。

（四）网络安全的目标

国家始终坚守网络安全与信息化发展并驾齐驱的理念。网络安全的目标可以系统地分为国家、社会和个人三个层面。

1. 国家层面

国家应采取措施，检测、防御、处置源于国内外的网络安全风险和威胁，保护关键信息基础设施免受攻击、侵入、干扰和破坏，依法惩治网络违法犯罪活动，维护网络空间安全和秩序。国家倡导诚实守信、健康文明的网络行为，推动传播社会主义核心价值观，建立健全网络安全保障体系，提高网络安全保护能力，采取措施提高全社会的网络安全意识和水平，形成全社会共同参与促进网络安全的良好环境。

2. 社会层面

网络时代随着 Internet 的普及而迅速发展。一方面，信息技术已经成为整个社会经济和企业生存发展的重要基础，在国计民生和企业经营中的重要性日益凸现；另一方面，政府主管机构、企业和用户对信息技术的安全性、稳定性、可维护性和可发展性提出了越来越迫切的要求。因此，要确保网络安全产业健康顺利发展，为整个社会信息化、电子化的发展起到基础保障作用，保证国民经济持续、稳定、健康发展。

3. 个人层面

即使在网络世界，公民也应当遵守法律法规、遵守公共秩序、尊重社会公德，不得危害网络安全，不得利用网络从事危害国家安全、荣誉和利益，危害个人合法权益的相关活动。公民要为其网络行为负责。

第二节　网络安全与社会的联系

一、网络普及的现状

当今世界以信息为中心的国际竞争越来越激烈。面对复杂的国际环境，信息安全、经济安全、文化安全、国防安全与社会稳定的关系越来越紧密，发展我国信息安全产业，对提升国家的信息安全有重要意义。从全球范围来看，以美国、中国、日本、德国为代表的大型经济体，具有强大的信息产业基础和庞大的用户市场规模，信息化发展优势明显。

互联网的兴起、应用和普及，深刻改变着处在转型中的中国的政治生态、经济结构和社会文化：政府网站、政务微博和政务微信的规模化建设，推动了各级政府部门的信息公开力度和透明度；依托微信和微博等网络媒体平台，网民公众参与和网络舆论监督使“监察式民主”的雏形初步呈现；以百度、阿里巴巴、腾讯为代表的世界级互联网企业，为中国经济结构的转型和“互联网 +”的经济增长战略打下坚实基础，大规模“即时在线”的网络景观、层出不穷的“新媒体事件”和相对割裂的“两个舆论场”，构成了社会改革的巨大压力和重要动力。

近年来，中国网民规模和互联网普及率增长迅速。截至 2020 年 6 月，我国网民规模为 93 984 万人，较 2020 年 3 月新增网民 3625 万人，互联网普及率达 67.0%，较 2020 年 3 月提升 2.5 个百分点。

这些发展和成就证明我们坚持的网络强国道路理念的正确性，但同时我们需要清醒地看待已经取得的成果，要意识到与真正意义上的网络强国还存在明显的差距，存在的网络安全问题不容忽略，必须完善网络安全保障措施，提高整体的网络安全防护能力。

从网络空间发展平均质量上看，中国只处于一般发展中国家之列。根据国际电信联盟 2014 年《衡量信息社会发展报告》显示，中国信息通信技术发展指数（IDI）全球排名 86 位；世界经济论坛 2014 年《全球信息科技报告》显示，中国网络就绪指数（NRI）全球排名 62 位；联合国经济和社会理事会 2014 年《全球电子政府调查报告》显示，中国电子政务发展指数全球排名 70 位。通过国际网络空间发展水平的三项权威指标不难看出，中国在网络整体质量上与发达国家相比还相距甚远，仍属于发展中国家水平。

二、中国网络安全情况

按照近年情况来看，我国网络安全态势总体趋于平稳，通过依法治网建立网络安全屏障，实现发展与安全双轮驱动，强化网络强国的战略思想，呈现出机遇与挑战并存的局面。

（一）重大机遇

伴随信息革命的飞速发展，互联网、通信网、计算机系统、自动化控制系统、数字设备及其承载的应用、服务和数据等组成的网络空间，正在全面改变着人们的生产生活方式，深刻影响着人类社会历史的发展进程。

1. 信息传播的新渠道

网络技术的发展，突破了时空限制，拓展了传播范围，创新了传播手段，引发了传播格局的根本性变革。网络已成为人们获取信息、学习交流的新渠道，成为人类知识传播的新载体。

2. 生产生活的新空间

当今世界，网络深度融入人们的学习、生活、工作等方方面面，网络教育、网络创业、网络医疗、网络购物、网络金融等日益普及，越来越多的人通过网络交流思想、成就事业、实现梦想。

3. 经济发展的新引擎

互联网日益成为创新驱动发展的先导力量，信息技术在国民经济各行业广泛应用，推动传统产业改造升级，催生了新技术、新业态、新产业、新模式，促进了经济结构调整和经济发展方式转变，为经济社会发展注入了新的动力。

4. 文化繁荣的新载体

网络促进了文化交流和知识普及，释放了文化的发展活力，推动了文化的创新创造，丰富了人们的精神文化生活，已经成为传播文化的新途径、提供公共文化服务的新手段。网络文化已成为文化建设的重要组成部分。

5. 社会治理的新平台

网络在推进国家治理体系和治理能力现代化方面的作用日益凸显，电子政务应用走向深入，政府信息公开共享，推动了政府决策科学化、民主化、法治化，畅通了公民参与社会治理的渠道，成为保障公民知情权、参与权、表达权、监督权的重要途径。

6. 交流合作的新纽带

信息化与全球化交织发展，促进了信息、资金、技术、人才等要素的全球流动，增进了不同文明的交流融合。网络让世界变成了地球村，国际社会越来越成为你中有我、我中有你的命运共同体。

7. 国家主权的新疆域

网络空间已经成为与陆地、海洋、天空、太空同等重要的人类活动的新领域，国家主权拓展延伸到网络空间，使网络空间主权成为国家主权的重要组成部分。尊重网络空间主权，维护网络安全，谋求共治，实现共赢，正在成为国际社会的共识。

（二）严峻挑战

网络安全形势日益严峻，使经济、文化、社会及公民网络空间的合法权益面临着严峻的风险与挑战。

1. 网络攻击威胁经济安全

网络和信息系统已经成为关键的基础设施乃至整个经济社会的神经中枢，若其遭受攻击破坏或发生重大安全事件，将导致能源、交通、通信、金融等基础设施瘫痪，造成灾难性后果，严重危害国家经济安全和公共利益。

2. 网络有害信息侵蚀文化安全

网络上各种思想文化相互激荡、交锋，使优秀传统文化和主流价值观面临着冲击。网络谣言、颓废文化、暴力和迷信等违背社会主义核心价值观的有害信息会侵蚀青少年身心健康、败坏社会风气、误导价值取向、危害文化安全。网上道德失范、诚信缺失现象频发，因此，网络文明程度亟待提高。

3. 网络违法犯罪破坏社会安全

计算机病毒、木马等在网络空间传播蔓延，网络欺诈、黑客攻击、侵犯知识产权、滥用个人信息等不法行为大量存在，一些组织肆意窃取用户信息、交易数据、位置信息以及企业商业秘密，严重损害了国家、企业和个人的利益，影响了社会的和谐稳定。

4. 网络空间的国际竞争方兴未艾

国际上争夺和控制网络空间战略资源、抢占规则制定权和战略制高点、谋求战略主动权的竞争日趋激烈，使世界和平受到新的挑战。

网络空间机遇和挑战并存，机遇大于挑战。必须坚持积极利用、科学发展、依法管理、确保安全，坚决维护网络安全，最大限度利用网络空间的发展潜力，使其更好惠及 14 亿多中国人民，造福全人类，坚定维护世界和平。

2015 年以来，我国网络空间法制化进程不断加快，网络安全人才培养机制逐步完善，围绕网络安全的活动蓬勃发展。2015 年 7 月 1 日，《中华人民共和国国家安全法》正式颁布，明确提出国家建设网络与信息安全保障体系；2015 年 8 月 29 日，《中华人民共和国刑法修正案（九）》表决通过，加大了对网络犯罪的打击力度；2015 年 12 月 27 日，《中华人民共和国反恐怖主义法》正式通过，规定了电信业务经营者、互联网服务提供者在反恐中应承担的义务；2017 年 6 月 1 日《中华人民共和国网络安全法》正式实施，使我国的网络安全工作有了基础性的法律框架；高校设立网络空间安全一级学科，加快网络空间安全高层次人才培养；政府部门或行业组织围绕网络安全举办的会议、赛事、宣传活动等丰富多样。

第三节 网络安全的内容、基本要素及体系结构

一、网络安全的内容

网络安全是指通过各种技术手段和安全管理措施，保护网络系统的硬件、软件和信息资源免于受到各种自然或人为的破坏影响，保证系统连续可靠地正常运行。硬件资源包括计算机、通信设备和通信线路等；软件资源包括维持网络运行的系统软件和应用软件；信息资源包括通过网络传输、交换和存储的各种数据信息。信息安全是网络安全的本质核心，保护信息资源的机密性、完整

性和真实性，并对信息的内容及传播有控制能力是网络安全的核心任务。

按照网络安全的机构层次来划分，网络安全可以分为物理安全、运行系统安全和网络信息安全三个部分。

（一）物理安全

物理安全即实体安全，是指保护计算机设备、网络设施等硬件设施免遭地震、水灾、火灾、雷击、有害气体和其他环境事故（包括电磁污染等）的破坏，以及防止人为的操作失误和各种计算机犯罪导致的破坏等。

物理安全是网络系统安全的基础和前提，是不可缺少和不可忽视的重要环节。只有安全的物理环境，才有可能提供安全的网络环境。物理安全可以进一步分为环境安全、设备安全和媒体安全。环境安全包括计算机系统机房环境安全、区域安全、灾难保护等；设备安全包括设备的防盗、防火、防水、防电磁辐射及泄漏、防线路截获、抗电磁干扰及电源防护等；媒体安全包括媒体本身安全及媒体数据安全等。

（二）运行系统安全

运行系统安全的重点是保证网络系统能够正常运行，避免由于系统崩溃而使系统中正在处理、存储和传输的数据丢失。因此，运行系统安全主要涉及计算机硬件系统安全、软件系统安全、数据库安全、机房环境安全和网络环境安全等内容。

（三）网络信息安全

网络信息安全就是要保证在网络上传输的信息的机密性、完整性和真实性不受侵害，确保经过网络传输、交换和存储的数据不会发生增加、修改、丢失和泄露等。网络信息安全主要涉及安全技术和安全协议设计等内容。通常采用的安全技术措施包括身份认证、访问权限、安全审计、信息加密和数字签名等。另外，网络信息安全还应当包括防止和控制非法信息或不良信息的传播。

二、网络安全的基本要素

网络安全的重点是保证传输信息的安全性，它涉及机密性、完整性和真实性、可靠性、可用性、不可抵赖性、有效性及可控性等，它们共同构成了网络安全的核心要素。

（一）机密性

机密性是指要保证在网络上传输的信息不被泄露，防止非法窃取。通常采用信息加密技术来防止信息泄露。此外，还可采用防窃听和防辐射等预防措施。

（二）完整性

完整性是指通过多种技术手段防止信息的丢失、伪造、篡改、窃取及破坏等情况发生，保证收发数据的一致性。

（三）真实性

真实性就是指在网络环境中能够对用户身份及信息的真实性进行鉴别，防止伪造情况的发生。

（四）可靠性

可靠性是网络系统安全的基本要求，要保证网络系统在规定的时间和条件下完成规定的功能。可靠性涉及计算机系统硬件可靠性、计算机系统软件可靠性、网络可靠性、环境可靠性和人员可靠性等内容。

（五）可用性

可用性是指要保证合法用户的权益，保证合法用户及时得到所需资源，其合理要求不会被拒绝。可用性可以通过身份认证、访问控制、数据流控制、审计跟踪等措施予以保证。

（六）不可抵赖性

不可抵赖性是指要保证在网络环境中，参与者不能对其曾经的操作或承诺抵赖或否认，防止否认行为。在电子商务应用中该特性十分重要，它是保证电子商务正常开展的基础。不可抵赖性通常采用数字签名、身份认证、数字信封及第三方确认等机制予以保证。

（七）有效性

有效性是指能够对网络故障、误操作、应用程序错误、计算机系统故障、计算机病毒以及恶意攻击等产生的潜在威胁予以控制和防范，在规定的时间和地点能够保证网络系统是有效的。

（八）可控性

可控性是指能够通过访问授权来控制使用资源的人或实体对网络的使用方式，控制网络传播的内容，防止和控制非法信息或不良信息的传播。

三、网络安全的体系结构

（一）网络安全体系结构的概念

国际标准化组织（ISO）对开放计算机网络互连环境的安全性通过深入的研究，在 1989 年提出了安全体系结构，为计算机网络的安全提出了一个比较完整的安全框架，包括安全服务、安全机制和安全管理及其他有关方面。网络安全防范是一项复杂的系统工程，是安全策略、多种技术、管理方法和人们安全素质的综合。现代的网络安全问题变化莫测，要保障网络系统的安全，应当把相应的安全策略、各种安全技术和安全管理融合在一起，建立网络安全防御体系，使之成为一个有机的整体安全屏障。网络安全体系就是关于网络安全防范的最高层概念抽象，它由各种网络安全防范单元组成，各组成单元按照一定的规则关系，能够有机集成起来，共同实现网络安全目标。

安全体系的机制可以分为两类：一类是安全服务机制；另一类是安全管理机制。

1. 与安全服务有关的机制

（1）加密机制

加密机制可用来加密存放着的数据或数据流中的信息，既可以单独使用也可以同其他机制结合起来使用。加密算法可分为对称密钥（单密钥）加密算法和不对称密钥（公开密钥）加密算法。

（2）数字签名机制

数字签名由两个过程组成，即对信息进行签字过程和对已签字的信息进行证实过程。前者使用私有密钥，后者使用公开密钥。数字签名机制必须保证签字只能是签字者的私有密钥信息。

（3）访问控制机制

访问控制机制根据实体的身份及其有关信息，来决定该实体的访问权限。访问控制实体基于采用以下的一个或几个措施：访问控制信息库、证实信息（如口令）、安全标签等。

（4）数据完整性机制

在通信中，发送方根据发送的信息产生额外的信息（如校验码），将其加密以后，随数据一同发送出去。接收方接收到本信息后，产生额外信息，并与接收到的额外信息进行比较，以判断在传输过程中信息本体是否被篡改过。

（5）认证交换机制

用来实现同级之间的认证。这可以使用认证的信息，如由发方提供口令，收方进行验证，也可以利用实体所具有的特征，如指纹、视网膜等来实现。

（6）路由控制机制

为了使用安全的子网、中继站和链路，既可预先安排网络的路由，也可对其进行动态选择。安全策略可以禁止带有某些安全标签的信息通过某些子网、中继站和链路。

（7）防止业务流分析机制

通过填充冗余的业务流来防止攻击者进行业务流分析，填充过的信息要加保密保护才能有效。

（8）公证机制

公证机制是指第三方（公证方）参与数字签名机制。它是基于通信双方对第三方的绝对信任，让公证方备有适用的数字签名、加密或完整性机制等。当实体间互通信息时，就由公证方利用所提供的上述机制进行公证。有的公证机制可以在实体连接期间进行实时证实，有的则在连接后进行非实时证实。公证机制既可防止收方伪造签字，或否认收到过给他的信息，又可戳穿对所签发信息的抵赖。

2. 与安全管理有关的机制

（1）安全标签机制

可以让信息中的资源带上安全标签，以表明其在安全方面的敏感程度或保护级别，可以是显露式或隐藏式的，但都应以安全的方式与相关的对象结合在一起。

（2）安全审核机制

审核是探明与安全有关的事件。要进行审核，必须具备与安全有关的信息记录设备，以及对这些信息进行分析和报告的能力。

（3）安全恢复机制

安全恢复是在破坏发生后采取各种恢复动作，建立起具有一定模式的正常安全状态。恢复活动有三种：立即的、临时的和长期的。

（二）网络安全体系结构的组成

网络安全的任何一项工作，都必须在网络安全组织、网络安全策略、网络安全技术、网络安全运行体系的综合作用下才能取得成效。首先，必须有具体的人和组织来承担安全工作，并且赋予其相应的责权；其次，必须有相应的安全策略来指导和规范安全工作的开展，明确应该做什么，不应该做什么，按什么流程和方法来做；再次，若有了安全组织、安全目标和安全策略后，需要选择合适的安全技术方案来满足安全目标；最后，在确定了安全组织、安全策略、安全技术后，必须通过规范的运作过程来实施安全工作，将安全组织、安全策略和安全技术有机地结合起来，形成一个相互推动、相互联系的整体，通过实际的工程运作和动态的运营维护，最终实现安全工作的目标。完善的网络安全体系应包括安全策略体系、安全组织体系、安全技术体系和安全运作体系。

安全策略体系应包括网络安全的目标、方针、策略、规范、标准及流程等，并通过在组织内对安全策略的发布和落实来保证对网络安全的承诺与支持；安全组织体系包括安全组织结构建立、安全角色和职责划分、人员安全管理、安全培训和教育、第三方安全管理等；安全技术体系主要包括鉴别和认证、访问控制、内容安全、冗余和恢复、审计和响应；安全运作体系包括安全管理和技术实施的操作规程、实施手段和考核办法。安全运作体系为安全管理和安全操作人员提供具体的实施指导，是整个安全体系的操作基础。

一个全方位的、整体的网络安全防范体系是分层次的，不同层次反映不同的安全需求。根据网络的应用现状和网络结构，一个网络的整体由网络硬件、网络协议、网络操作系统和应用程序构成。若要实现网络的整体安全，需要考虑数据的安全性问题。此外，无论网络本身还是操作系统和应用程序，最终都是由人来操作和使用的，所以还有一个重要的安全问题就是用户的安全性。可以将网络安全防范体系的层次划分为物理层安全、系统层安全、网络层安全、应用层安全和安全管理。

1. 物理层安全

物理层的安全包括通信线路的安全、物理设备的安全、机房的安全等。物理层的安全主要体现在通信线路的可靠性（线路备份、网络管理软件、传输介质）、软硬件设备安全性（替换设备、拆卸设备、增加设备）、设备的备份、防灾害能力及防干扰能力、设备的运行环境（温度、湿度、烟尘）、不间断电源保障等。

2. 系统层安全

系统层的安全问题来自网络内使用的操作系统的安全，如 Windows 7、Windows 10 等，主要表现在三个方面：一是操作系统本身的缺陷带来的不安全因素，主要包括身份认证、访问控制、系统漏洞等；二是对操作系统的安全配置问题；三是恶意代码对操作系统的威胁。为了安全级别的标准化，美国国防部技术标准将操作系统的安全等级由低到高分成了 D、C1、C2、B1、B2、B3、A1 四类七个级别。这些标准发表在一系列的标准文献中，因为每本书的封面颜色不同，人们通常称之为“彩虹系列”。其中最重要的是橘皮书，它定义了上述一系列标准。

3. 网络层安全

网络层的安全问题主要体现在网络方面的安全性，包括网络层身份认证、网络资源的访问控制、数据传输的保密与完整性、远程接入的安全、域名系统的安全、路由系统的安全、入侵检测的手段、网络设施防病毒等。

4. 应用层安全

应用层的安全问题主要由提供服务所采用的应用软件和数据的安全性产生，包括 Web 服务、电子邮件系统、域名系统（DNS）、文件传输协议（FTP）安全等。此外，还包括使用系统中资源和数据的用户是否为真正被授权的用户。

5. 安全管理

安全管理包括安全技术和设备的管理、安全管理制度、部门与人员的组织规则等。安全管理的制度化极大地影响着整个网络的安全，严格的安全管理制度、明确的部门安全职责划分、合理的人员角色配置都可以在很大程度上降低其他层次的安全漏洞。

（三）网络安全体系模型的发展

1. OSI 安全体系结构

国际标准化组织（ISO）在对开放式系统互联（OSI）环境的安全性进行了深入研究后，提出了 OSI 安全体系结构，该标准被我国采用，即 GB/T 9387.2—1995。该标准是基于 OSI 参考模型针对通信网络提出的安全体系架构模型。该模型提出了安全服务、安全机制、安全管理和安全层次的概念。需要实现的 5 类安全服务包括鉴别服务、访问控制、数据保密性、数据完整性和抗抵赖性；用来支持安全服务的 8 种安全机制包括加密机制、数字签名、访问控制、数据完整性、数据交换、业务流填充、路由控制和公证；实施的安全管理分为系统安全管理、安全服务管理和安全机制管理；实现安全服务和安全机制的安全层次包括物理层、链路层、网络层、传输层、会话层、表示层和应用层。

2. P2DR 动态信息安全模型

P2DR 模型包括四个主要部分：策略（Policy）、保护（Protection）、监测（Detection）、响应（Response）。

（1）策略

根据风险分析产生的安全策略描述了系统中哪些资源要得到保护，以及如何实现对它们的保护等。策略是模型的核心，所有的防护、检测和响应都是依据安全策略实施的。

网络安全策略一般包括总体安全策略和具体安全策略两个部分。

（2）保护

保护是指通过修复系统漏洞、正确设计开发和安装系统来预防安全事件的发生；通过定期检查来发现可能存在的系统脆弱性；通过教育等手段，使用户和操作员正确使用系统，防止意外威胁；通过访问控制、监视等手段来防止恶意威胁。采用的防护技术通常包括数据加密、身份认证、访问控制、授权和虚拟专用网（VPN）技术、防火墙、安全扫描和数据备份等。

（3）检测

检测是动态响应和加强防护的依据，通过不断地检测和监控网络系统来发现新的威胁和弱点，通过循环反馈来及时做出有效的响应。当攻击者穿透防护系统时，检测功能就发挥作用，与防护系统形成互补。

（4）响应

系统一旦检测到入侵，响应系统就开始工作，进行事件处理。响应包括应急响应和恢复处理，恢复处理又包括系统恢复和信息恢复。

P2DR 模型也存在一个明显的弱点，就是忽略了内在的变化因素，如人员的流动、人员的素质和策略贯彻的不稳定性。实际上，安全问题牵涉面广，除了涉及策略、保护、检测和响应，系统本身安全的“免疫力”的增强、系统和整个网络的优化以及人员这个在系统中最重要角色的素质的提升，都是该安全系统没有考虑到的问题。

3. IATF 信息保障模型

信息保障技术框架（IATF）是由美国国家安全局组织专家编写的一个全面描述信息安全保障体系的框架，它提出了信息保障时代信息安全需要考虑的要素。正是因为在信息安全工作中，人们意识到构建信息安全保障体系必须将技术、管理、策略、工程和运维等各个方面的要素紧密结合，安全保障体系才能真正完善和发挥作用，IATF 才能成为一个流行的信息安全保障体系模型。IATF 首次提出了信息保障需要通过人、技术、个人操作来共同实现组织职能和业务运作的思想，同时针对信息系统的构成特点，从外到内定义了四个主要的技术关注层次，包括网络基础设施、网络边界、计算环境和支撑基础设施。

完整的信息保障体系在技术层面上应实现保护网络基础设施、保护网络边界、保护计算机环境和保护支撑基础设施，形成“深度防护战略”。

4. WPDRRC 信息安全模型

WPDRRC 信息安全模型是我国“863”信息安全专家组提出的适合中国国情的信息系统安全保障体系建设模型，它在保护、监测、响应（PDR）模型的前后增加了预警和反击功能，它吸取了 IATF 需要通过人、技术和操作来共同实现组织职能和业务运作的思想。WPDRRC 模型有 6 个环节和 3 个要素：6 个环节包括预警（W）、保护（P）、检测（D）、响应（R）、恢复（R）和反击（C），它们具有较强的时序性和动态性，能够较好地反映出信息系统安全保障体系的预警能力、保护能力、检测能力、响应能力、恢复能力和反击能力；3 大要素包括人员、策略和技术，人员是核心，策略是桥梁，技术是保证，落实在 WPDRRO 的 6 个环节的各个方面，将安全策略变为安全现实。

各类安全保护模型各有优缺点，OSI 安全体系结构和 P2DR 安全保护模型是早期提出的安全保护模型，其过于关注安全保护的技术要素，忽略了重要的管理要素，存在一定的局限性。IATF 信息保障技术框架模型和 WPDRRO 信息安全模型融入了人员、技术和管理的要素，并且分别从信息系统的构成角度和安全防护的层次角度提出了安全防护体系的构成思想，因此成为最流行的安全保护模型而被广泛应用。

第四节 网络与信息安全的重要性

网络信息安全已经成为 21 世纪世界十大热门课题之一，已经引起社会广泛关注。

信息时代，人们越来越多地依赖信息进行研究和决策，信息的可靠性和安全性在一定程度上决定了研究和决策的水平。

互联网是人类文明的巨大成就，它带给人们获取信息和交换信息的极大便利。但互联网是开放的系统，具有很多的不安全因素。网络是把双刃剑，人们在享受着网络所提供的各种便利的同时，也面临着网络安全隐患带来的各种困扰。若想无忧地使用网络和信息，必须研究并解决存在的诸多安全问题。随着计算机网络的广泛应用，网络安全的重要性尤为突出。网络技术中最关键也最容易被忽视的安全问题，正在危及网络的健康发展和应用，网络安全技术及应用越来越受到世界的关注。网络安全是个系统工程，已经成为网络建设的重要任务。

网络信息安全不仅关系到国计民生，还与国家安全密切相关；不仅涉及国家政治、军事、经济、科技和文化等方面，还影响到国家的安全和主权。网络信息安全重于泰山。网络信息安全现在已变得与人们的日常生活息息相关。当人们进行网上支付、银行转账，或进行手机上网、计算机上网时，都面临着这样或那样的安全威胁。

信息时代，国家安全观发生了明显变化，信息成为国家的重要战略资源。首先，网络安全体现国家信息文明程度。人类社会越文明，科学技术越发达，信息安全就越重要。目前世界各国都不惜巨资，招集最优秀的人才，利用最先进的技术，打造最可靠的网络。其次，网络安全决定国家信息主权。信息时代，强国推行信息强权和信息垄断，依仗信息优势控制弱国的信息技术。正如美国未来学家托尔勒所说："谁掌握了信息，谁控制了网络，谁就将拥有整个世界。"网络安全已成为左右国家经济发展、军事强弱和文化复兴的关键因素。

（一）网络安全与政治

目前，我国的政府网络已经大规模地发展起来，电子政务工程已经在全国开展。政府网络的安全代表了国家的形象。

（二）网络安全与经济

一个国家信息化程度越高，整个国民经济和社会运行对信息资源和信息基础设施的依赖程度也越高。当计算机网络因安全问题被破坏时，其经济损失是无法估计的。

著名美国学者布鲁斯在其名著《应用密码学》中描绘了一个利用计算机密码学犯罪的场景。当具有纸质现金特点的数字现金广泛使用时，将会出现理论上安全的犯罪。歹徒绑架人质，然后要求以数字现金的形式支付赎金。这种犯罪几乎绝对安全：支付赎金时没有物理接触，依靠网络和公共媒体（如报纸）完成；同时，数字现金和纸质现金一样是不可追踪的，警察不能像追踪转账支票一样来追踪数字现金。

信息技术与信息产业已成为当今世界经济与社会发展的主要驱动力，但世界各国的经济每年都因信息安全问题遭受巨大损失。据调查，目前美国、德国、英国、法国每年由于网络安全问题而遭受的经济损失达数百亿美元。其中，在2005 年，英国就有 500 万人因网络诈骗遭受高达 5 亿美元的经济损失。

（三）网络安全与军事

首先，网络安全涉及军事安全。军事冲突正从重点摧毁物理武器目标转向非物理的信息目标，从战时公开打击“有形”军事设施转向平时秘密攻击“无形”的信息设施。

其次，网络安全影响战争胜负。军队要“看得见”“传得快”“打得到”“打得准”，必须拥有自己的信息优势。网络和信息系统一旦遭受非法入侵，信息流被切断或篡改，必将成为“瞎子、聋子和瘫子”。

再次，网络安全关系着军队的兴盛。信息化战争，谁掌握了信息控制权，谁就将掌握战场的主动权。网络技术性能越先进，安全保密问题就越复杂；网络开放性程度越高，信息危害现象就越普遍。

在信息社会中，只有掌握和运用先进的信息安全防护技术和方法，做到心中有数、技高一筹，才能获得信息安全防护优势，置对手于无可奈何的境地。

首先，要建设实时监控系统。当信息系统遭受攻击时，能够利用监控手段对入侵、破坏、欺诈和攻击等行为进行实时识别、保存和分析，掌握了解攻击的模式、程序和企图，对攻击来源进行准确定位，据此找出入侵路径与攻击者。

其次，要建设应急响应系统。在国家范围内开展信息技术合作，充分利用军用和民用信息安全资源，建设信息安全应急响应系统，一旦发生信息安全突发事件，实施紧急响应、处理和恢复，使各种文件数据和网络系统能够及时恢复。

最后，要建设容灾备份系统。利用通信和计算机技术，建设网络异地容灾备份系统，提高抵御灾难和重大事故的能力，减少灾难打击和重大事故造成的损失，保持重要信息系统工作的持续性，避免主要服务功能丢失。

第二章　网络安全现状分析

现如今在我国的许多领域，互联网技术都得到了充分的应用，与此同时，随着时代的发展，各行各业对互联网的需求也日渐增多，但随之而来的是网络的安全性问题。互联网的安全性成了当今社会关注的热点问题之一。本章分为网络安全的现状、网络安全问题的起因分析、网络安全的威胁及其防范三部分，主要包括计算机系统的脆弱性、网络协议的缺陷、网络入侵与网络攻击、计算机病毒等方面的内容。

第一节　网络安全的现状

互联网的开放性、交互性和分散性特征使人类所憧憬的信息共享、开放、灵活和快速等需求得到满足。网络环境为信息共享、信息交流、信息服务创造了理想空间，网络技术的迅速发展和广泛应用，为人类社会的进步提供了巨大推动力。正是由于互联网的上述特性，产生了许多安全问题。

（一）网络安全问题

①黑客问题。黑客是指在 Internet 上的一些熟悉网络技术的人，他们经常利用网络存在的一些漏洞，进入他人的计算机系统。有些人只是为了好奇，而有些人则心怀不良动机侵入他人计算机系统，他们偷窥机密信息，或将其计算机系统破坏，这部分人就被称为“黑客”。尽管人们在计算机技术上做出了种种努力，但这种攻击却愈演愈烈。从单一地利用计算机病毒破坏和用黑客手段进行入侵攻击转变为使用恶意代码与黑客攻击手段相结合，这种攻击具有传播速度迅猛、受害面惊人和穿透深度广的特点，往往一次攻击就会给受害者带来严重的损失。

②信息泄露、信息污染、信息不易受控。例如，资源未授权侵用、未授权信息流出现、系统拒绝信息流和系统否认等，这些都是信息安全的技术难点。

③在网络环境中，一些组织或个人出于某种特殊目的进行信息泄密、信息破坏、信息侵权和意识形态的信息渗透，使国家利益、社会公共利益和各类主体的合法权益受到威胁。

④网络运用的趋势是全社会广泛参与，随之而来的是控制权分散的管理问题。由于人们的利益、目标及价值观产生分歧，信息资源的保护和管理出现脱节和真空，从而使信息安全问题变得广泛而复杂。

⑤随着社会重要基础设施的高度信息化，社会的“命脉”和核心控制系统有可能面临恶意攻击而导致损坏和瘫痪，包括国防通信设施、动力控制网、金融系统和政府网站等。

（二）我国网络安全问题的表现

近年来，人们的网络安全意识逐步提高，很多企业根据核心数据库和系统运营的需要，逐步部署了防火墙、防病毒和入侵检测系统等安全产品，并配备了相应的安全策略。虽然有了这些措施，但并不能解决一切问题。我国网络安全问题主要表现在以下几个方面。

①安全事件不能及时、准确发现。网络设备、安全设备、计算机系统每天生成的日志可能有上万条甚至几十万条，这样人工地对多个安全系统的大量日志进行实时审计、分析流于形式，再加上误报（如网络入侵检测系统、互联网协议群）、漏报（如未知病毒、未知网络攻击、未知系统攻击）等问题，造成不能及时、准确地发现安全事件。

②安全事件不能准确定位。信息安全系统通常是由防火墙、入侵检测、漏洞扫描、安全审计、防病毒、流量监控等产品组成的，但是由于安全产品来自不同的厂商，没有统一的标准，所以安全产品之间无法进行信息交流，于是形成了许多安全孤岛和安全盲区。由于事件孤立，相互之间无法形成很好的集成关联，因而一个事件的出现不能关联到真实问题。

如入侵检测系统事件报警，就需关联同一时间防火墙报警、被攻击的服务器安全日志报警等，从而确定是真实报警还是误报。如是未知病毒的攻击，则分为两类，即网络病毒和主机病毒。网络病毒大多表现为流量异常，主机病毒大多表现为中央处理器异常、内存异常、磁盘空间异常、文件的属性和大小改变等。要发现这个问题，需要关联流量监控（网络病毒）、服务器运行状态监控（主机病毒）、完整性检测（主机病毒）来发现。为了预防网络病毒大规模爆发，则必须在病毒爆发前快速发现中毒的计算机并切断源头。

例如，服务器的攻击可能是受到了分布式拒绝服务（DDoS）攻击，它可使服务器 CPU 超负荷，端口某服务流量太大、访问量太大等，必须将多种因素结合起来才能更好地分析，快速知道真实问题点并及时恢复正常。

其中，DDoS 是一种基于 DDoS 的特殊形式的拒绝服务攻击，是一种分布的、协作的大规模攻击方式，主要瞄准比较大的网站，如商业公司、搜索引擎和政府部门的网站等。DDoS 攻击是利用一批受控制的计算机向一台计算机发起的攻击，这样来势迅猛的攻击令人难以防备，因此具有较大的破坏性。

③无法做到将集中的事件自动统计。这一问题涉及某台服务器的安全情况报表、所有机房发生攻击事件的频率报表、网络中利用次数最多的攻击方式报表、发生攻击事件的网段报表、服务器性能利用率最低的服务器列表等，需要管理员人为地对这些事件做统计记录，生成报告，从而耗费大量人力。

④缺乏有效的事件处理查询。没有对事件处理的整个过程做跟踪记录，信息部门主管不了解哪些管理员对该事件进行了处理，对处理过程和结果也没有做记录，使得处理的知识和经验不能得到共享，导致下次再发生类似事件时，处理效率低下。

⑤缺乏专业的安全技能。管理员发现问题后，往往因为安全知识的不足导致事件迟迟不能被处理，从而影响网络的安全性，延误网络的正常使用。

第二节 网络安全问题的起因分析

一、计算机系统的脆弱性

面对严重危害计算机网络的威胁，必须采取有力的措施来保证计算机网络的安全。但是，计算机网络在建设之初都忽略了安全问题。即使考虑了安全，也只是将安全机制建立在物理安全机制上。随着网络互联程度的扩大，这种安全机制对于网络环境来讲形同虚设。另外，目前网络上使用的协议，如 TCP/IP 协议，在制定之初也没有把安全考虑在内，所以没有安全可言。开放性和资源共享是计算机网络安全问题的主要根源，所以网络安全应主要依赖加密、网络用户身份鉴别、存取控制策略技术等手段。

（一）产生网络安全问题的原因

①计算机系统的脆弱性。

②操作系统的不安全性。目前流行的许多操作系统，如 UNIX、Windows 均存在网络安全漏洞。

③来自内部网用户的安全威胁。

④未能对来自 Internet 的电子邮件携带的病毒及 Web 浏览可能存在的恶意 Java/ActiveX 控件进行有效控制。

⑤采用的 TCP/IP 协议软件本身缺乏安全性。

⑥应用服务的安全。许多应用服务系统在访问控制及安全通信方面考虑较少，并且如果系统设置错误很容易造成损失。

（二）计算机应用系统自身的脆弱性

计算机应用系统的自身脆弱性主要表现在以下方面。

①电子技术基础薄弱，导致抵抗外部环境影响的能力比较弱。

②数据聚集性与系统安全性密切相关。当数据以分散的小块出现时其价值往往不大，但当将大量相关信息集聚时则显出它的空前重要性。

③剩磁效应和电磁泄漏的不可避免。

④通信网络的弱点。连接计算机系统的通信网络在许多方面存在薄弱环节，通过未受保护的外部环境和线路，破坏者可以访问系统内部，搭线窃听、远程监控、攻击破坏都是可能发生的。

⑤从根本上讲，数据处理的可访问性和资源共享的目的性之间是有矛盾的。

二、网络协议的缺陷

根据网络安全监测软件的实际测试，一个没有安全防护措施的网络，其安全漏洞通常在 1500 个左右。网络系统所依赖的 TCP/IP 协议，本身在设计上并不安全。

TCP/IP 协议的安全缺陷主要表现在以下几点。

（一）TCP/IP 协议数据流采用明文传输

目前 TCP/IP 协议主要建立在以太网上，以太网的一个基本特性是，当网络设备发送一个数据包时，同网段上每个网络设备都会收到数据包，然后检查其目的地址来决定是否处理这个数据包。如果以太网卡处于混杂的工作模式下，此网卡会接收并处理所有的数据包。因此，数据信息很容易被在线窃听、篡改和伪造。特别是在使用 FTP 和远程终端协议（Telnet）时，用户的账号、口令是明文传输，所以攻击者可以截取含有用户账号、口令的数据包，然后进行攻击。

（二）源地址欺骗或 IP 欺骗

TCP/IP 协议用 IP 地址来作为网络节点的唯一标识，但是节点的 IP 地址又是不固定的，是一个公共数据，因此攻击者可以直接修改节点的 IP 地址，冒充某个可信节点的 IP 地址进行攻击。因此，IP 地址不能被当作一种可信的认证方法。

（三）源路由选择欺骗

在 TCP/IP 协议中，IP 数据包为测试目的设置了一个选项 IP 源路由，该选项指明到达节点的路由。攻击者可以利用这个选项进行欺骗非法连接。攻击者冒充某个可信节点的 IP 地址，构造一个通往某个服务器的直接路径和返回的路径，利用可信用户作为通往服务器的路由中的最后一站，就可以向服务器发请求，对其进行攻击。在 TCP/IP 协议的两个传输层协议 TCP 和用户数据包协议（UDP）中，由于 UDP 是面向非连接的，因而没有初始化的连接建立过程，所以 UDP 更容易被欺骗。

（四）路由选择信息协议攻击

路由信息协议（RIP）用来在局域网中发布动态路由信息。它是为了在局域网中的节点提供一致路由选择和可到达性信息而设计的。但是，各节点对收到的信息是不检查它的真实性的（TCP/IP 协议没有提供这个功能），因此攻击者在网上发布假的路由信息，利用 Internet 控制消息协议（ICMP）的重定向信息欺骗路由器或主机，将正常的路由器定义为失效路由器，从而达到非法存取的目的。

（五）鉴别攻击

TCP/IP 协议只能以 IP 地址进行鉴别而不能对节点上的用户进行有效的身份认证，因此服务器无法鉴别登录用户的身份有效性。

（六）TCP 序列号欺骗

由于 TCP 序列号可以预测，因此攻击者可以构造一个 TCP 包序列，对网络中的某个可信节点进行攻击。

（七）TCP 序列号轰炸攻击

TCP 是一个面向连接的、可靠的传输层协议，通信双方必须通过握手的方式建立一条连接。如果一个客户采用地址欺骗的方式伪装成一个不可到达的主机时，正常的三次握手过程将不能完成，目标主机等到超时再恢复，这是同步序列编号（SYN）攻击的原理。

（八）易欺骗性

在 UNIX 环境中，非法用户用 TCP/IP 将计算机连接到 UNIX 主机上，将 UNIX 主机当作服务器，使用网络文件系统（NFS）对主机目录和文件进行访问，因为 NFS 只使用 IP 地址对用户进行认证，而用同样的名字和 IP 地址将一台非法计算机的用户设置成合法计算机的用户是很容易的。电子邮件无任何用户认证手段，因此很容易伪造。

Internet 是基于 TCP/IP 协议的，所以 TCP/IP 协议中存在的安全技术缺陷导致了 Internet 的不安全性。必须对网络结构进行很好的改造，添加网络安全协议，才有可能从根本上解决网络的安全性问题。

以上事实表明，在网络上如何保证合法用户对资源的合法访问，以及如何防止网络黑客攻击，成为网络安全的主要内容。绝对安全的计算机是不存在的，绝对安全的网络也是不可能有的。只有存放在一个无人知晓的密室里，而又不开电源的计算机才可能是安全的。只要计算机被使用，就或多或少存在着安全问题，只是程度不同而已。网络安全的攻与防是一对矛盾。网络安全措施应能全方位地针对各种不同的威胁，才能确保网络信息的保密性、完整性和可用性。

第三节　网络安全的威胁及其防范

一、黑客

一般说来，我们所说的人为的有意破坏和恶意攻击所引起的网络信息安全威胁，是指抓住计算机系统与网络的自身缺陷的可乘之机，或利用人们网络信息安全意识淡薄造成的漏洞，采用不正当手段或恶意运用信息技术，进行网络攻击与计算机入侵，散布计算机病毒，进而截获、窃取、破译重要机密信息，非法获取利益，甚至进行计算机犯罪的活动。

在人们眼里，计算机和网络是高新技术，要对电脑与网络发起攻击，并入侵计算机网络系统，进行破坏或非法获取利益等计算机犯罪活动，必须运用信息技术，这必须有黑客的本领。

这一说法并不准确，但人们总是自然就联想到黑客，说明人们已把这类行为与黑客等同起来。

（一）黑客的由来与演变

对一般人来说，“黑客”是一个既熟悉又陌生的名称。在羡慕者眼中，“黑客”是一群聪明绝顶、精力旺盛、纵横于网络空间的自由之神，且是对计算机和网络非常精通、技术高超精湛的能人。但在一般人，特别是在受害者眼中，黑客往往都带着贬义，他们采用高超的计算机技术一门心思地攻击或入侵电脑网络系统，破坏电脑与网络的正常运行，窥视他人的隐私、盗窃账号密码、非法获取不义之财，是放荡不羁、作恶连连的害群之马，是不折不扣的电脑捣乱分子。

其实，“黑客”的本来含义并非如此。黑客成为人们眼中的“技术坏人”只是20世纪80年代以后的事。实际上，虽然大到国际政治、小到个人隐私，我们如今已经很难指出哪里还听不到黑客们的声音、哪里还见不到黑客的身影，但大多数人对黑客的确切含义和复杂发展过程并无深入了解。现实是，黑客名称的内涵、黑客的产生与变迁有复杂的背景，并且与计算机技术的发展紧密相关。

1. 黑客的含义与由来

（1）黑客的含义

黑客一词，是由英语Hacker音译出来的。开始，黑客是一群热衷研究、撰写程序的专才，精通各种计算机语言和系统，且具备乐于追根究底、研究问题的特质。黑客不干涉政治，不受政治利用，他们对计算机和网络具有狂热的兴趣和执着的追求，是一群纵横于网络上的大侠。黑客行为基本上是一项业余爱好，通常是出于自己的兴趣，而非为了赚钱或工作需要。

随着计算机和网络的发展，黑客对计算机和网络知识不断研究，发现了计算机和网络中存在的漏洞，逐渐成长为专门研究与发现计算机和网络漏洞的计算机爱好者。他们的出现推动了计算机和网络的发展与完善。

因此，在黑客圈中，Hacker无疑是带有正面意义的词汇。例如，系统黑客（System Hacker）熟悉操作系统的设计与维护，口令黑客（Password Hacker）精于找出使用者的密码，电脑黑客（Computer Hacker）则是通晓计算机、可让计算机乖乖听话的高手。

随着计算机和网络的流行，黑客逐渐成为一种文化现象，因此当这个词在20世纪80年代进入亚洲时，完全是正面解读。在日本《新黑客词典》中，对黑客的定义是，对计算机和微电子技术非常精通，喜欢探索软件程序奥秘，并从中增长其个人才干的人。

（2）黑客的由来

黑客被认为起源于 20 世纪 50 年代麻省理工学院的实验室中，据美国加州大学伯克利分校计算机教授布莱恩·哈维考证，当时在麻省理工学院中的学生通常分成两派：一派是 Tool，意指乖乖牌学生，成绩都拿甲等；另一派则是所谓的 Hacker，即黑客，是指常逃课，上课爱睡觉，但晚上却精力充沛喜欢搞课外活动的学生。

黑客并非不学无术，只是不愿循规蹈矩。他们热衷于电子技术与计算机等，喜欢探索计算机奥妙，热衷解决一个个棘手的计算机网络难题，因而智力非凡、技术高超。在麻省理工学院的早期校园俚语中，“黑客”有恶作剧之意，尤指手法巧妙、技术高明的恶作剧。黑客喜欢挑战高难度的网络系统并从中找到漏洞，有时利用电脑玩自编的游戏开玩笑或是搞一些小的恶作剧，然后向管理员提出解决和修补漏洞的方法。

20 世纪 60—70 年代，“黑客”一词成为流行语，且极富褒义，用于指代那些独立思考、奉公守法的计算机迷，从事黑客活动意味着对计算机的最大潜力进行智力上的自由探索，为电脑技术的发展做出了巨大贡献。现在黑客使用的侵入计算机系统的基本技巧，如破解口令、开天窗、走后门、安放特洛伊木马等，都是在这一时期发明的。

2. 黑客的演变

黑客的发展大致划分为四个阶段。

20 世纪 60 年代的第一代黑客，聚集在大学计算机系的教室里，利用分时技术允许多个用户同时执行多道程序，是一批独立思考、扩大计算机及网络使用范围的计算机迷，其中就职于著名的贝尔实验室的肯·汤普森和丹尼斯·里奇在 1969 年为整个电脑界联手献上了一份大礼：UNIX 操作系统。

20 世纪 70 年代的第二代黑客倡导了一场计算机革命，发明并生产了个人计算机，打破了以往计算机技术只掌握在少数人手里的局面，提出了“计算机为人民所用”的观点，这一代黑客是电脑史上的英雄，领头人为苹果公司的创始人史蒂夫·乔布斯。

20 世纪 80 年代的第三代黑客中的许多人后来成为 20 世纪 80—90 年代的软件设计师，如微软公司的比尔·盖茨。

第四代黑客创造和发展了 Internet，并试图使其变得更加开放和自由，如开放源代码的倡导者和 Linux 之父的李纳斯·托维兹。

从某种意义上说，一部黑客史其实就是一部计算机发展史。几代黑客一直在为使电脑脱离集权化而抗争，他们为形成当今开放的计算机和网络体系结构做出了自己的贡献。

那么，早期被认为是计算机高手、具有褒义的黑客一词，怎么在公众眼里变成如今的“电脑捣乱分子”了？这就需要了解黑客的演变史。

在黑客出现的早期，即 20 世纪 60 年代，计算机的使用还远未普及，还没有多少存储重要信息的数据库，也谈不上黑客对数据的非法拷贝等问题。到了 20 世纪 80—90 年代，计算机越来越重要，大型数据库也越来越多，同时，信息越来越集中在少数人的手里，一场新时期的“圈地运动”引起了黑客们的极大反感。黑客认为，信息应共享而不应被少数人所垄断，于是就做出了一些反主流的行动。而这时，电脑化空间已私有化，成为个人拥有的财产，主流社会不可能再对黑客行为放任不管，而是采取行动，利用法律等手段来进行控制。黑客活动受到了空前的限制。

与此同时，社会上心怀叵测的人，也在利用新技术达到不可告人的目的。这些人专门窥探他人隐私、发泄私愤、任意篡改数据、破坏网络资源，有的甚至还利用黑客技术谋求私利、盗用信用卡、进行网上诈骗等计算机犯罪活动。这些人也自称黑客，也以计算机高手自诩。渐渐地，黑客在人们心中的形象变得复杂起来。

这一现象激怒了真正的黑客，他们认为这些人违背了黑客信条，是一些不负责任的人，而且在技术上也没什么大本事，有了一点本事就做坏事，因而真正的黑客坚决要与其划清界限。黑客们认为，这些所谓的黑客，其实是骇客（Hacker），与真正的黑客风马牛不相及。

开放原码计划的创始人、Linux 之父李纳斯·托维兹强调，黑客和骇客是分属两个不同世界的族群。黑客是专注于研究技术、依靠掌握的知识帮助系统管理员找出系统中的漏洞并加以完善，是补救计算机与网络安全漏洞的侠士，而骇客则是专门以破坏计算机为目的，对计算机或网络系统进行攻击、入侵的“电脑与网络捣乱分子”。

但不幸的是，这一专业化的区分并没有形成社会的统一称谓。随着时间的推移，黑客以及计算机网络犯罪分子鱼龙混杂，一般人难以区分，加之媒体的误导，黑客逐渐失去了原有的含义，成为一个贬义词，公众对黑客的印象也由此改变，他们不再被看作无害的探索者，而是阴险恶毒的侵略者。在我国，更兼翻译上的原因，使黑客成为社会大盗和电子窃贼的代名词。

（二）黑客与网络信息安全

现如今，一般人所称的黑客，是一个非常模糊、成分复杂的群体。对一般人来说，区分哪些是真正的黑客，哪些是“脚本小孩”并无多大意义，但对计算机网络专业界而言，特别是对网络信息安全而言，研究黑客及黑客技能是非常有必要的。

毫无疑义，没有人能否认真正的黑客对计算机技术发展所做出的巨大贡献。因此，对于具有侠义精神的黑客，要吸引他们加入构筑网络信息安全的队伍中来，引导他们保护网络空间。事实上，许多国家的政府和公司的管理者越来越多地要求真正的黑客给他们传授有关电脑安全的知识，有的还邀请黑客为他们检验系统的安全性，甚至请黑客为他们设计新的安全规程。这些黑客不断发现许多程序、软件、系统的缺陷或漏洞并向全社会公布，无疑为电脑和网络安全防护技术的发展做出了贡献。

同时，应当深入研究黑客的入侵与攻击手法和技能，这对网络信息安全的防范意义重大。黑客对新鲜事物的极度好奇，对极富挑战性的问题深入思考、全身心钻研的精神，使他们成为电脑高手，特别是对电脑与网络系统的漏洞和缺陷有很深的研究，这对防范网络信息安全威胁、构筑网络信息安全的铜墙铁壁十分有价值。我们要学习黑客的钻研精神，努力攀登网络信息安全的巅峰，研究先进的技术方法，为大众构建一个安全的网络信息空间。

二、网络入侵与网络攻击

自从网络技术问世以来，短短几十年里，网络已彻底改变了社会的面貌和人们的生产和生活方式。网络空间已成为人类活动不可缺少的虚拟空间。与网络的诞生和发展相伴的是网络入侵与网络攻击。值得人们注意的是，近年来，在自发的、零星的网络攻击的同时，商业化的、大规模的、有预谋的网络攻击逐渐增多。由于利益的驱动，网络攻击黑色产业链渐趋组织化、公开化。

网络信息安全威胁，首先来自网络入侵与网络攻击。尽管现在已发生的计算机与网络犯罪者绝大多数并不具有特别高深的技术，主要是利用人们网络信息安全意识淡薄和缺乏严密的防范措施，但多数还是采用了一些技术手段的。

一般而言，计算机与网络犯罪是以网络入侵与网络攻击为前提或前奏的，所以我们就从网络入侵与网络攻击开始来讨论网络信息安全威胁问题。

（一）初识网络攻击与网络入侵

1. 网络入侵与网络攻击

“攻击”与“入侵”通常是军事术语，显得有些火药味。但在信息时代，特别是海湾战争爆发之后，人们渐渐对信息战有所认识，对网络攻击与网络入侵也就见怪不怪了。

网络攻击与网络入侵是两个具有不同含义的词。所谓网络入侵，就是指利用非法手段进入别人电脑系统的行为，而所谓网络攻击，就是利用网络存在的漏洞和安全缺陷对系统和资源进行攻击的行为。可以看出，网络入侵是以窃取网络资源为主要目的的，而网络攻击则是以干扰破坏网络服务为主要目的的。如果仅仅是入侵而不具有恶意，则是所谓“显示能力”的黑客的虚荣心行为，而入侵后进行破坏活动，则是骇客的犯罪行为了。

一般说来，除了像邮件炸弹、拒绝服务等直接攻击之外，网络攻击常常与网络入侵相伴，两者界限并不明显。在技术上，可以将网络入侵看作网络攻击的一种。在接下来的讨论中，就不再对两者进行严格区分，统一以网络攻击进行讨论。

2. 网络攻击的特点

网络攻击是利用网络存在的漏洞和安全缺陷对网络上承载的系统和资源进行攻击的行为，其特点如下。

（1）损失巨大

由于攻击和入侵的对象是网络上的主计算机，一旦成功，就会使网络中成千上万台计算机陷于瘫痪状态，从而给计算机用户造成巨大的经济损失。

（2）威胁社会和国家安全

在当今社会，网络已成为社会的重要基础设施，而一些计算机网络攻击者出于各种目的经常把政府要害部门和军事部门的主计算机作为攻击目标，从而对社会和国家安全造成威胁。

（3）手段多样，手法隐蔽

网络攻击者既可以通过监视网上数据来获取别人的保密信息，也可以通过截取别人的账号和口令堂而皇之地进入别人的计算机系统，还可以通过一些特殊的方法绕过人们精心设计好的防火墙等，这些过程都可以在很短的时间内通过任何一台联网的计算机完成，因而犯罪不留痕迹，隐蔽性很强。

（4）以软件攻击为主

几乎所有的网络入侵都是通过对软件的截取和攻击，从而破坏整个计算机系统的。

3. 网络攻击的类型

网络攻击有多种分类方法。

（1）按攻击的主动性与被动性划分

①主动攻击，即包含攻击者访问所需信息的故意行为。

②被动攻击，主要是收集信息而不是进行访问，数据的合法用户对这种活动一点也不会觉察到。

其中被动攻击包括以下几种。

窃听：包括键击记录、网络监听、非法访问数据、获取密码文件。

欺骗：包括获取口令、恶意代码、网络欺骗。

拒绝服务：包括导致异常型、资源耗尽型、欺骗型。

数据驱动攻击：包括缓冲区溢出、格式化字符串攻击、输入验证攻击、同步漏洞攻击、信任漏洞攻击。

（2）按攻击的手法划分

①服务拒绝攻击：服务拒绝攻击企图通过使为用户提供服务的主计算机崩溃或把它压垮来阻止为用户提供服务。服务拒绝攻击是最容易实施的攻击行为，如泪滴、UDP 洪水、邮件炸弹等。

②利用型攻击：利用型攻击是一类试图直接对计算机进行控制的攻击，最常见的有口令猜测、特洛伊木马和缓冲区溢出等。

③信息收集型攻击：信息收集型攻击并不对目标本身造成危害，这类攻击被用来为进一步入侵提供有用的信息，主要包括扫描技术、体系结构刺探、利用信息服务等。

④假消息攻击：用于攻击目标配置不正确的消息，主要包括 DNS 高速缓存污染、伪造电子邮件等。

（3）按攻击的位置划分

①远程攻击：指外部攻击者通过各种手段，从该子网以外的地方向该子网或者该子网内的系统发动攻击。

②本地攻击：指本单位的内部人员，通过所在的局域网，向本单位的其他系统发动攻击，进行非法越权访问。

③伪远程攻击：指内部人员为了掩盖攻击者的身份，从本地获取目标的一

些必要信息后，攻击过程从外部远程发起，造成外部入侵的现象。

（4）按攻击所采用技术的复杂程度划分

①恶作剧小孩式的攻击：这些攻击者常常并不熟悉攻击软件是如何工作的，他们所具有的网络与计算机知识也非常有限，甚至不知道如何检测被攻击的网络，攻击往往并不具有太多的技巧，而是简单下载漏洞攻击软件后就用来进行攻击操作，因而被称作恶作剧小孩式的攻击。通常发生的计算机犯罪案件的攻击大多属于这种情况。一个攻击的技巧越生疏，攻击就越笨拙，越容易留下明显的痕迹，往往导致被攻击网络上的防火墙或入侵检测系统产生很多告警信息，这就为我们防范攻击提供了手段与依据。

②“跟随式”攻击：这类攻击相对前一种更具有技巧一些，攻击者一般也具有网络与计算机等方面的知识，如 Windows 系统的知识和经验，并用这些知识指导他们的攻击，因而往往具有更高的成功率。但这类攻击者往往并不会编写程序或发现新的软件或网络漏洞，仅仅是跟随者而不是创造者。

③高级攻击：这类攻击者是最具有技巧的一类人。他们能洞悉网络与计算机的漏洞，并加以利用来进行攻击。他们都精通攻击程序的编写，具有熟练的编写和调试计算机程序的技巧，并将这些程序四处发布。

（5）按攻击的目的划分

有的攻击并不能为攻击者带来任何经济利益，这类攻击主要是显示攻击者自我虚荣的满足，或是针对某些组织的报复性警告型行为，典型的就是拒绝服务攻击。另一类则是为获得经济利益或有价值资源而采取的攻击。

①拒绝服务攻击：攻击者向目的服务器，或发出大量连续服务请求，或发送大量数据包，从而几乎占用该服务器所有的网络带宽与服务资源，致使服务器无法响应服务请求，最终导致网站响应速度大大降低或服务器瘫痪。较之拒绝服务攻击，分布式拒绝服务则是利用一批受控制的计算机向其他计算机发起攻击，是一种分布的、协作的大规模攻击方式，因而具有更大的破坏性。

②渗透攻击：攻击者利用网络或操作系统的漏洞，或采用某种不正当手段，逐步渗透或入侵目标系统，以达到盗取银行账号、信用卡号码或窃取有价值资源的攻击行为。这些攻击者往往由于过分的自信，最后常因为在某段时间内连续攻击一个网站而被抓获。但是如果攻击者有自知之明，知道什么时候应该收手，那么就为抓获他们造成比较大的困难。

（二）网络攻击的手法与步骤

1. 网络攻击的手法

（1）口令入侵

口令入侵是指使用合法用户的账号和口令登录到目的主机，然后再实施攻击活动的手法。这种手法的前提是先得到该主机上的某个合法用户的账号，然后再进行口令的破译。一般来说，获得用户账号的方法非常多，下面列举几种。

①利用目标主机的一些功能。例如，Finger 命令具有查询用户情况的功能。当用 Finger 命令查询时，主机系统会将保存的用户资料（如用户名、登录时间等）显示在终端或计算机上。再如目标主机的 X.500 目录查询服务功能，可以向需要访问网络任何地方资源的电子邮件系统或需要知道在网络上的实体名字和地点的管理系统提供信息。如果主机没有关闭 X.500 的目录查询服务，就有可能给攻击者提供获得信息的一条简易途径。

②从电子邮件地址中收集。有些用户电子邮件地址常会透露其在目标主机上的账号。

③查看主机是否有习惯性的账号。非常多的系统会使用一些习惯性的账号，造成账号的泄露。

④攻击者有时还会利用软件和硬件工具时刻监视系统主机的工作，等待记录用户登录信息，从而取得用户密码；或者编制有缓冲区溢出错误的 suid 程序（设置了 suid 的程序文件，在用户执行该程序时，用户的权限是该程序文件属主的权限）来获得超级用户权限。

⑤利用网络监听获得用户账号和口令。网络监听是主机的一种工作模式，在这种模式下，主机能接收到本网段在同一条物理通道上传输的所有信息，而不管这些信息的发送方和接收方是谁。因为系统在进行密码校验时，用户输入的密码需要从用户端传送到服务器端，而攻击者就能在两端之间进行数据监听。此时若两台主机进行通信的信息没有加密，只要使用某些网络监听工具就可轻而易举地截取包括口令和账号在内的信息资料。虽然网络监听获得的用户账号和口令具有一定的局限性，但监听者往往采用中途截击的方法能够获得其所在网段的所有用户账号及口令密码。

⑥在知道用户的账号后利用一些专门软件强行破解用户口令，这种方法不受网段限制，但攻击者要有足够的耐心和时间。例如，采用字典穷举法（或称暴力法，攻击者用字典中的单词来尝试用户的密码）来破解用户的密码。

（2）放置特洛伊木马程序

特洛伊木马程序能直接侵入用户的计算机并进行破坏，它常被伪装成工具程序或游戏等诱使用户打开带有特洛伊木马程序的邮件附件或从网上直接下载，一旦用户打开了这些邮件的附件或执行了这些程序之后，它们就会像古特洛伊人在敌人城外留下的藏满士兵的木马一样留在计算机中，并在计算机系统中隐藏一个能在 Windows 启动时悄悄执行的程序。当你连接到因特网上时，这个程序就会通知攻击者，来报告你的 IP 地址及预先设定的端口。攻击者在收到这些信息后，再利用这个潜伏的程序，就能任意修改计算机的参数设定、复制文件、窥视整个硬盘中的内容等，从而达到控制计算机的目的。

（3）Web 欺骗技术

在网上，用户能利用 IE 等浏览器进行各种各样的 Web 网站的访问。但是，如果访问的网页已被骇客篡改过，网页上的信息则是虚假的。如果骇客将用户要浏览的网页的 URL 地址改写为指向自己的服务器，则用户浏览的目标网页实际是来自骇客服务器的，那么骇客就达到了欺骗的目的。

Web 欺骗一般使用两种技术，即统一资源定位符（URL）地址重写和相关信息掩盖。

① URL 地址重写技术：利用 URL 地址，使这些地址指向攻击者的 Web 服务器，即攻击者将自己的 Web 地址加在所有 URL 地址的前面。这样，当用户和网站进行安全链接时，就会毫不防备地进入攻击者的服务器，于是用户的所有信息便处于攻击者的监视之下。

②相关信息掩盖技术：由于浏览器一般均设有地址栏和状态栏，当浏览器和某个网站链接时，能在地址栏和状态栏中获得连接中的 Web 网站地址及其相关的传输信息，用户由此能发现问题，所以攻击者往往在 URL 地址重写的同时，利用相关信息掩盖技术，即一般用 Java Script 来重写地址栏和状态栏，以达到其掩盖欺骗的目的。

（4）电子邮件攻击

相对于其他的攻击手段来说，电子邮件攻击具有简单、见效快等特点。电子邮件攻击主要表现为两种方式。

①电子邮件轰炸和电子邮件“滚雪球”：也就是通常所说的邮件炸弹，指的是用伪造的 IP 地址和电子邮件地址向同一信箱发送数以千计、万计甚至无穷多次的内容相同的垃圾邮件，致使受害人邮箱被“炸”，严重者可能会给电子邮件服务器操作系统带来危险，甚至瘫痪。

②电子邮件欺骗：攻击者佯称自己为系统管理员（邮件地址和系统管理员

完全相同），给用户发送邮件要求用户修改口令（口令可能为指定字符串）或在貌似正常的附件中加载病毒或其他木马程序。

（5）通过一个节点来攻击其他节点

攻击者在突破一台主机后，往往以此主机作为根据地攻击其他主机（以隐蔽其入侵路径，避免留下蛛丝马迹）。他们能使用网络监听方法，尝试攻破同一网络内的其他主机，也能通过 IP 欺骗和主机信任关系攻击其他主机。这类攻击非常狡猾，但某些技术非常难掌控。如 TCP/IP 欺骗攻击，攻击者通过外部计算机伪装成另一台合法计算机来实现。它能破坏两台计算机之间通信链路上的数据，其伪装的目的在于哄骗网络中的其他计算机误将攻击者作为合法计算机加以接受，诱使其他计算机向它发送数据或允许它修改数据。TCP/IP 欺骗能发生在 TCP/IP 系统的所有层次上，包括数据链路层、网络层、运输层及应用层。

如果底层受到损害，则应用层的所有协议都将处于危险之中。另外，由于用户本身不直接和底层相互交流，因而对底层的攻击更具有欺骗性。

（6）安全漏洞攻击

攻击者利用网络与计算机系统漏洞进行攻击是惯常的手法。

①利用网络信息明文传送特点的攻击。网络上许多信息是明文传送的，这就为攻击者提供了机会。例如，攻击者可利用嗅包器（一种利用网络传输机制工作的工具，用来被动监听、捕捉、解析网络上的数据包并做出各种相应的参考数据分析）盗取网络中的敏感信息。

②利用操作系统本身漏洞的攻击。由于非常多的系统在不检查程序和缓冲之间变化的情况下就接受任意长度的数据输入，从而造成即使把溢出的数据放在堆栈里，系统还照常执行命令的现象。这样攻击者只要发送超出缓冲区所能处理的长度的指令，系统便进入不稳定状态。若攻击者特别设置一串准备用作攻击的字符，他甚至能访问根目录，从而拥有对整个网络的绝对控制权。

③利用协议漏洞进行攻击。例如：攻击者利用邮件协议 POP3 一定要在根目录下运行这一漏洞发动攻击，破坏根目录，从而获得终极用户的权限；ICMP 协议也经常被用于发动拒绝服务攻击。

④利用对网络与协议的信任和依赖、传输漏洞及服务进程的缺陷进行攻击。例如，IP 欺骗，就是利用网络传输时对 IP 和 DNS 的信任，采用伪造的源 IP 地址传输 IP 数据包，从而实现攻击的目的。又如过载攻击，攻击者通过服务器长时间发出大量无用的请求，使被攻击的服务器一直处于繁忙的状态，从而无法满足其他用户的请求。过载攻击中攻击者用得最多的一种方法是进程攻

击，它是通过人为地大量增大 CPU 的工作量，耗费 CPU 的工作时间，使其他的用户一直处于等待状态。再如，淹没攻击，正常情况下，TCP 连接建立要经历三次握手的过程，即客户机向主机发送 SYN 请求信号，目标主机收到请求信号后向客户机发送同步 / 确认（SYN/ACK）消息，客户机收到 SYN/ACK 消息后再向主机发送复位（RST）信号并断开连接。TCP 的这三次握手过程为攻击者提供了攻击网络的机会。攻击者可以使用一个不存在或当时没有被使用的主机的 IP 地址，向被攻击主机发出 SYN 请求信号，当被攻击的主机收到 SYN 请求信号后，它向这台不存在 IP 地址的伪装主机发出 SYN 消息。由于此时主机的 IP 地址不存在或当时没有被使用，所以无法向主机发送 RST 信号，因此造成被攻击的主机一直处于等待状态，直至超时。如果攻击者不断地向被攻击的主机发送 SYN 请求，被攻击主机就会一直处于等待状态，从而无法响应其他用户的请求。

（7）脚本攻击

脚本（Script）是使用一种特定的描述性语言，依据一定的格式编写的可执行文件，又称宏或批处理文件。脚本通常可以由应用程序临时调用并执行。正是因为脚本的这些特点，使它往往被一些别有用心的人所利用。他们在脚本中加入一些破坏计算机系统的命令，当用户浏览网页时，一旦调用这类脚本，便会使用户的系统受到攻击从而造成严重损失。

（8）端口扫描攻击

所谓端口扫描，就是利用 Socket（用于描述 IP 地址和端口，是一个通信链的句柄，也称“套接字”）编程和目标主机的某些端口建立 TCP 连接、进行传输协议的验证等，从而侦知目标主机的扫描端口是否处于激活状态、主机提供了哪些服务、提供的服务中是否含有某些缺陷等。常用的扫描方式有连接（Connect）扫描、碎片（Fragmentation）扫描等。

（9）利用黑客软件攻击

利用黑客软件攻击是互联网上使用比较多的一种攻击手法。Back Orifice 2000、冰河等都是比较著名的特洛伊木马，它们能非法取得用户计算机的终极用户级权利，能对其进行完全的控制。它们除了能进行文件操作外，同时也能进行桌面抓图、取得密码等操作。这些黑客软件分为服务器端程序和用户端程序，当骇客进行攻击时，会使用用户端程序登录已安装好服务器端程序的计算机。这些服务器端程序都比较小，一般会附在某些软件上，有可能当用户下载了一个小游戏并运行时，黑客软件的服务器端就安装完成了，而且大部分黑客软件的重生能力比较强，给用户的清除造成一定的麻烦。

2. 网络攻击的实施步骤

网络攻击通常是一个有目的的行为，因而，攻击步骤一般如下。

（1）第一步：隐藏自己的位置

普通攻击者都会利用别人的计算机隐藏他们真实的 IP 地址。老练的攻击者还会利用电话的无人转接服务连接互联网服务提供商（ISP），然后再盗用他人的账号上网。

（2）第二步：寻找目标主机并分析目标主机

攻击者首先要寻找目标主机并分析目标主机，而能真正标识主机的是 IP 地址及域名（为了便于记忆主机的 IP 地址而另起的名字）。当然，知道了要攻击的目标的位置是远远不够的，还必须全方位了解主机的操作系统类型及其所提供服务等资料。此时，攻击者们会使用一些扫描器工具，轻松获取目标主机运行的操作系统版本，系统有哪些账户，WWW、FTP、Telnet、SMTP 等服务器程序是何种版本等资料，为入侵做好充分的准备。

（3）第三步：获取账号和密码，登录主机

攻击者要想入侵一台主机，首先要有该主机的一个账号和密码，否则连登录都无法进行。这样常迫使他们先设法盗取账户文件，进行破解，从中获取用户的账户和口令，再寻找合适时机以此身份进入主机。当然，利用某些工具或系统漏洞登录主机也是攻击者常用的一种技法。

（4）第四步：获得控制权

攻击者利用 FTP、Telnet 等工具寻找系统漏洞进入目标主机系统获得控制权之后就会做两件事：清除记录和留下后门。他会更改某些系统设置、在系统中植入特洛伊木马或其他一些远程操纵程序，以便日后能不被觉察地再次进入系统。大多数后门程序是预先编写好的，只需要想办法修改时间和权限就能使用了，甚至新文件的大小都和原文件一模一样。

（5）第五步：窃取网络资源和特权

采用清除日志、删除拷贝的文件等手段来隐藏自己的踪迹之后，攻击者就开始攻击行动，如下载敏感信息，实施窃取账号、密码、信用卡号等经济偷窃，使网络瘫痪等。

（三）网络入侵与网络攻击的防范与应对

网络攻击的主要目的就是破坏系统或窃取信息。所以网络攻击防范的目标是防止重要或敏感信息的失密、泄密和窃密，防止非授权修改、删除和破坏数据，防止系统能力的丧失、降低，防止欺骗，保证信息及系统的可信度和资产的安全。

1. 针对不同攻击目标而进行的防范

（1）攻击目标为硬件

对硬件的攻击又可分为直接攻击和间接攻击。直接攻击就是直接对硬件进行攻击，间接攻击是间接地攻击物理介质。这类攻击主要是对物理层的攻击，所以我们要尽量防止物理通路的损坏以及通过物理通路窃听。

（2）攻击目标为操作系统

对操作系统的典型攻击有病毒和木马攻击，主要是针对系统漏洞进行的攻击。其防御措施有：开启防火墙和杀毒软件等，禁止打开不明网站，及时修补系统漏洞，关闭远程登录。

（3）攻击目标为传输的信息

对传输的信息的攻击实质上为对网络层的攻击，其主要类型有滥用信息包首部、IP 地址欺骗、Smurf 攻击、DDoS 攻击、网络层过滤回应、伪造或篡改信息等。其防御可以从访问控制（如用户和服务的授权）、设置防火墙、保证路由正确、避免被拦截或监听等方面进行。

（4）攻击目标为应用程序

对应用程序的攻击实质为对应用层的攻击，其中大部分是通过 HTP 协议（80 端口）进行攻击。其类型主要有恶意脚本、隐藏域修改、缓存溢出、参数篡改、强制浏览和已知漏洞攻击，其较典型的攻击有 DDoS 攻击、结构化查询语言（SQL）注入和层叠样式表（CSS）攻击。由于应用层要允许对外部的访问，所以对其的防范比局域网防范的难度更大。比如防火墙由于要开放传输协议端口，致使骇客若专对此端口进行攻击，防火墙一般无法识别。再者入侵检测和入侵防御系统的设计并不针对应用协议，所以也无法检测相应协议漏洞的攻击。若想对此进行有效的防护，很多单位都采用专门的应用入侵防护系统，以弥补防火墙和入侵检测系统的不足，来对某些特定应用进行保护。

2. 针对局域网进行的防范

现在几乎所有的单位都有自己的内网，所以网管人员应认真分析各种可能的入侵和攻击形式，制定符合自己单位实际需要的安全策略，防止内部或外部发起的攻击行为。

网络管理人员对攻击进行防范的主要技术措施包含访问控制技术、防火墙技术、安全扫描、安全审计和安全管理。

（1）访问控制技术

访问控制是现在网管用来保护和防范攻击采用的主要策略之一，其目的是防止网络资源被非法访问和非法利用。它涉及的内容包括网络登录控制、网络使用权限控制、目录级安全控制、属性安全控制和服务器安全控制等，其控制是步步相连，层层递进的。

①网络登录控制。其是进行网络访问控制的第一道防线。通过此控制可以限制用户对网络服务器的访问，或禁止用户登录，或限制用户只能在指定的工作站上进行登录，或限制用户登录到指定的服务器上，或限制用户只能在指定的时间登录网络等。它一般需要进行三个环节的控制：用户身份的验证、口令的验证和核查用户账号的使用权限。在此过程中，网管也可以对用户的登录过程进行审计，一经发现异常立即报警。

②网络使用权限控制。成功登录网络后，我们可以对其使用权限进行设置，使其只能对相应的网络资源进行有限的访问。此项控制是针对潜在的非法操作或误操作而采取的一种安全保护措施。根据网络的使用权限，一般可以将网络用户分为三类：系统管理员用户，专门负责整个网络系统的配置和管理；审计用户，负责网络的安全控制和资源使用情况的审计；普通用户，系统管理员可针对其实际需要而对其使用权限进行授予。

③目录级安全控制。用户获得使用权限后，即可对权限所规定的文件、目录或设备进行规定的访问。若用户有权操作某目录，其目录下的所有文件、所有子目录都有权被该用户使用。对目录和文件的访问权限包括系统管理员权限、读权限、写权限、创建权限、删除权限、修改权限、文件查找权限和访问控制权限。目录级安全控制可以使用户对有权限的目录和文件进行相应访问权限的操作，进而保护目录和文件的安全，防止用户滥用权限。

④属性安全控制。其主要是指通过给网络资源设置安全属性标记来进行的控制。当系统管理员给文件、目录和网络设备等资源设置访问属性后，用户对这些资源的访问将会受到一定的限制。属性安全控制可以限制用户对指定文件进行读、写、删除和执行等操作，同时也可以限制用户查看目录或文件，还可以将目录或文件隐藏、共享和设置成系统特性等。

⑤服务器安全控制。网络一般允许在服务器控制台上执行一系列操作。例如，用户可以使用控制台装载和卸载模块，也可以安装和删除软件等。服务器的安全控制就是要防止非法用户修改、删除重要信息或破坏数据，一般是通过设置口令、锁定服务器控制台、限制登录服务器时间、进行非法访问者检测和设定服务器关闭的时间间隔进行控制的。

（2）安全扫描

安全扫描是通过对计算机系统或其他网络设备进行相关安全检测，来查找各种安全隐患和可能被攻击的漏洞的。所以，网络管理员运用安全扫描技术可以排除隐患，防止攻击者入侵，但同时也给了骇客一个机会，他们可利用安全扫描来寻找入侵系统和网络的机会。安全扫描所涉及的检测技术主要有基于应用的检测技术、基于主机的检测技术、基于目标的漏洞检测技术和基于网络的检测技术。

（3）安全审计

安全审计是网络安全体系中的一个重要环节，它是网络中的监察机构，主要负责对网络系统的活动进行监视、记录并提出安全意见和建议。它可以有效并有针对性地对网络运行过程和状态、网络设备以及应用系统及系统运行状况进行记录、跟踪和审查，从而对其网络风险进行有效评估，并依此制定出合理的安全策略。网络安全审计主要包括对操作系统、数据库、Web、邮件系统、网络设备和防火墙等的安全审计。

（4）安全管理

安全管理一般是指为实现信息安全的目标而采取的一系列管理制度和技术手段，包括安全检测、监控、响应和调整的全部控制过程。对整个系统进行风险分析和评估是明确信息安全目标要求的重要手段。信息安全管理是一个不断发展、不断修正的动态过程，其目标就是防止重要信息的失密、泄密和窃密，防止数据的非授权修改、丢失和破坏，防止系统能力的丧失、降低，防止欺骗，保证信息及系统的可信度和资产的安全。

三、计算机病毒

20 多年前，曾有“戴口罩防止被计算机病毒传染”的笑话，但在今天，计算机病毒已经成为使用计算机的过程中必然会遇到的事物。就网络信息安全而言，计算机病毒发展到今天已成为一种恶性顽疾。

（一）计算机病毒的起源与发展

1. 计算机病毒的起源

（1）计算机病毒概念

计算机病毒的概念是从生物学引进的。顾名思义，计算机病毒既然是病毒，那就应该具有生物界病毒的基本特征，如自我复制、寄生与传染性等。

从这个意义上说，计算机病毒的概念应该说起源相当早，在第一部商用电脑出现前好几年，“计算机之父”冯·诺伊曼（John Von Neumann）在其论文《复杂自动装置的理论及组织的进行》里，就提出了可自我复制的程序的概念。

不过在当时，绝大部分计算机专家都无法想象会有这种能自我繁殖的程序。

1977 年夏天，在美国出版的科幻小说《P-1 的青春》中，描写了一种可以在电脑之间传染的东西，而且首次把这种在电脑之间传染的东西叫作病毒。这部小说中还描写了一场电脑病毒袭击控制 7000 台计算机、造成极大破坏性的灾难。

而差不多在同一时间，美国电话电报公司（AT&T）贝尔实验室的三个年轻人在工作之余无聊地玩起一种游戏：彼此撰写出能吃掉别人程序的程序来互相作战。这个叫作“磁芯大战”的游戏进一步将电脑病毒“感染”的特性体现出来。

1982 年年初，就读于美国莱巴嫩高中九年级的理查德·斯克伦塔在苹果Ⅱ型（Apple Ⅱ）计算机上写出了一个叫作“Elk Cloner”的程序，并且把它拷贝到游戏软盘中去。当该软盘运行或启动时，就会自我复制在计算机内存里，一旦有其他软盘插进被感染的计算机并输入指令查看文件列表时，“Elk Cloner”就会再复制一次，并且把副本写入那张未被感染的软盘中。于是，这个程序就开始传播开来。

1983 年 11 月 3 日，在南加州大学攻读博士学位的弗雷德·科恩在 UNIX 系统下，写了一个可自我复制及感染、会引起系统死机的程序，但这个程序并未引起一些教授的注意与认同。11 月 10 日，他在一个电脑安全研讨会上公布了自己的研究结果，并且指出：“这一类型的程序可在电脑网络中像在电脑之间一样传播，这将给许多系统带来广泛和迅速的威胁。”为了证明其理论，科恩将这些程序以论文形式发表，在当时引起了不小的震撼。

不过，这种具备感染与破坏性的程序被真正称为病毒则是在两年后的一本《科学美国人》的月刊中。一位名为杜特尼的专栏作家在讨论“磁芯大战”与苹果Ⅱ型电脑时，开始把这种程序称为病毒。从此，人们将这种具备感染性或破坏性的程序称为“计算机病毒”。

（2）世界上第一个计算机病毒的出现

业界公认的真正具备完整特征的电脑病毒始祖是大脑病毒（C-BRAIN）。该病毒是由一对巴基斯坦兄弟巴斯特（Basit）和阿贾德（Amjad）于 1986 年年初编写的，故又被称为“巴基斯坦”病毒。他们的目的主要是防止他们的软件被任意盗拷。这是一种具有破坏性的病毒，在 DOS 操作系统下运行，会把自己复制到磁盘的引导区里，并且把磁盘上一些存储空间标记成不可用。

这个病毒程序在当时并没有太大的杀伤力，但在一年之内就流传到了世界各地，一些有心人士以 C-BRAIN 为蓝本，制作出变形的病毒，很快衍生出了很多变种，其中有一些变种造成的损失比原始病毒造成的损失还大。

从此，各类计算机病毒纷纷出现，不仅有个人制作的，甚至有不少是企业集团制作的，各类扫毒、防毒与杀毒软件以及专业公司也纷纷出现。一时间，各种病毒与反病毒程序不断推陈出新。

（3）世界上第一个通过网络传播的计算机病毒

1988 年，“蠕虫病毒”事件在美国爆发，这是世界上第一个通过网络传播的计算机病毒，是由美国康奈尔大学的莫里斯编写的。那时，正在读研究生的莫里斯想统计一下当时网络上的计算机数目，就写了一个程序，并从麻省理工学院一台计算机上释放了出去。考虑到网络管理员们可能会删除掉他的程序，从而让统计结果不够准确，他就设置了一个自认为较合理的方案：让这个程序以一定的概率对自己进行复制，无论它所在的计算机有没有被感染。但是，整件事完全超出了他的控制。这个程序无休止地复制自身，占据了大量磁盘空间、运算资源及网络带宽，导致网络瘫痪和计算机死机。这个“蠕虫”（Worm）病毒程序感染了约 6000 台计算机，而受到影响的计算机则超过 25 万台，造成的经济损失大约在 9600 万美元。

2. 计算机病毒的发展阶段

（1）DOS 时代的病毒

所谓 DOS 时代的病毒，即在 DOS 时代就有的计算机病毒。DOS 的出现为引导型病毒的流行创造了先决条件。从最早的引导区病毒开始，发展到 DOS 可执行阶段、伴随及批次阶段、幽灵与多形阶段和病毒制造机阶段。

（2）Windows 时代的病毒

1995 年，微软公司发布了 Windows 95，揭开了完全采用图形化用户界面的 Windows 视窗时代。当时的病毒分为视窗阶段和宏病毒阶段。影响较大的视窗病毒是“CIH”病毒，宏病毒则主要感染 Office 文件。

（3）网络时代的病毒

随着网络的普及，病毒的传播登上网络传播的快车。互联网的飞速发展更为病毒利用网络传播提供了土壤，蠕虫病毒开始泛滥。

蠕虫病毒是一种利用网络复制和传播、通过网络和电子邮件传染的病毒。与一般病毒不同，蠕虫不需要寄生，不占用除内存以外的任何资源，不修改磁盘文件，而是自包含的程序（或是一套程序），它能传播自身功能的拷贝或自身（蠕虫病毒）的某些部分，经过网络传染到其他的计算机系统中。

蠕虫病毒往往能够利用网络漏洞或软件缺陷，如浏览器的漏洞，也会利用用户的安全意识缺失与人为疏忽。可利用的传播途径包括文件、电子邮件、Web 服务器、网络共享等。从 2004 年起，MSN、QQ 等即时通信软件开始成为蠕虫病毒传播的途径之一。

自莫里斯的“蠕虫”问世以后，大量病毒借鉴了这一做法，衍生出了数十种至数百种蠕虫病毒的变种。其中比较知名的有“梅丽莎”（Melissa）、“爱虫”（I Love You）、“红色代码”（Code Red）、“冲击波”（Blaster）、“震荡波”（Sasser）等病毒。

3. 利益驱动下的病毒发展和反病毒斗争

（1）利益驱动下的病毒发展

从整体上说，在病毒出现初期乃至此后很长一段发展时期，尽管也曾造成巨大破坏，但就病毒制造者的动机而言，往往只是为了宣扬自己的名声或者发泄对现实生活的不满，似乎没有和经济利益有任何联系。但是后来，情况却奇怪地扭曲了。

①“通过恶意软件获利”犯罪活动的开始。2004 年 1 月 18 日，发现了一种传染方式类似“爱虫”的蠕虫病毒——“Bagle”蠕虫病毒。这种病毒最引发人们注意的是它会收集用户的电子邮件地址，并且把这些邮件地址发送到一个指定位置。

“Bagle”蠕虫病毒的出现，标志着“通过恶意软件获利”的犯罪活动的开始。从此，计算机病毒逐渐成为计算机犯罪的一种新的衍化形式。由于计算机病毒具有瞬时性、动态性和随机性，由此形成的是高技术犯罪，不易取证、风险小、破坏大。一条黑色地下产业链慢慢建立起来。

②病毒与木马程序的结合。木马程序开启了恶意软件的先例。它首先在计算机上安装一个软件，这样木马程序的主人就可以远程控制这台计算机。严格地说，木马程序并不能算是病毒，因为它一般不具有自我复制的特性。然而，大量的病毒结合了木马程序的功能，让病毒朝着一个怪异的方向发展。

③病毒开“后门”。“后门”（Backdoor）程序在木马程序之后出现。“后门”指的是通过进入某台计算机后开设隐藏的账户或者端口，来获得计算机的某些数据。病毒往往具备了在感染的计算机上开后门的功能，这样病毒的制造者将会从感染的计算机上获得源源不断的收益。

很显然，随着电脑和网络的迅速发展，一些别有用心和唯利是图者利用病毒及网络入侵攻击等手段攫取经济利益，甚至在商业利益驱动下形成了病毒产业链，成为一种犯罪活动，严重破坏了人们信息时代的生活。

（2）反病毒的斗争还将继续

随着网络信息技术应用不断向深度和广度发展，我们现在使用的系统软件和应用软件功能越来越强大，代码也越来越复杂，而越复杂的东西必然会有越多的破绽，这些破绽永远都不可能被全部修复，终究会让病毒制造者找到突破口。

互联网的普及让越来越多的人可以不受限制地阅读和研究与计算机病毒有关的资料，并且可以轻松地把自己的实验品传递给他人。而隐藏在后面的那只叫作“经济利益”的幕后黑手，会让病毒制造者更加乐此不疲。

计算机软件和计算机病毒的关系就像是光明和黑暗、善与恶、美与丑，双方必然会存在，并且将会永远存在下去，而制作病毒和反病毒的战争也将进行下去。

（二）认识计算机病毒

1. 计算机病毒的定义

（1）计算机病毒的狭义定义

按照《中华人民共和国计算机信息系统安全保护条例》的定义，“计算机病毒，是指编制或者在计算机程序中插入的破坏计算机功能或者破坏数据，影响计算机使用，并能自我复制的一组计算机指令或者程序代码”。

（2）计算机病毒的广义定义

此后出现的木马程序，不仅无寄生性，连感染性也不具备，而是一种未经用户同意进行非授权操作的一种恶意程序。但木马程序造成的损失远远超过因常规计算机病毒引起的损失。之后，大量的病毒结合了木马的功能，使它们成为黑色产业链难分的部分。普通人也称木马程序和后门程序为病毒了。随着反病毒斗争的持续发展，广义的计算机病毒的定义出现了。

计算机病毒的广义定义为，凡能引起计算机故障、破坏数据的程序统称为计算机病毒。依此定义，逻辑炸弹、蠕虫、木马等均可称为计算机病毒。这样，计算机病毒和入侵、攻击成为一体化的行为了。其过程可描述为“程序设计与编制—传播—潜伏—触发—运行—实行攻击”。

基于广义的计算机病毒定义，人们不再将病毒与木马区分，将木马也称为“木马病毒”。但是，病毒与木马不仅工作机理不同，防反与查杀工具也不一样。

2. 计算机病毒的产生

在前面的讨论中提到，病毒是人“制造”出来的。那么，为什么有些人要制造病毒呢？究其产生的原因，可以归纳为以下几种。

（1）炫耀、玩笑或恶作剧

某些爱好计算机并对计算机技术精通的人士为了炫耀自己的高超技术和智慧，凭借对计算机软硬件的深入了解，编写出这些特殊的程序，大多数是出于自我表现或证明自己能力的心理。

这类病毒一般都是良性的，不会有破坏操作。

（2）报复心理

身处错综复杂的社会环境中，难免有人受到不公正的待遇，进而产生对社会不满的情绪。如果这种情况发生在一个编程高手身上，那么他就有可能编写一些危险的程序，以发泄不满，报复社会。

（3）用于版权保护

在计算机乃至整个信息产业发展初期，由于在法律上对软件版权的保护还很不完善，加之软件开发商法律意识的淡薄，很多商业软件被非法复制。为此，有些开发商为了保护自己的利益，防止盗版，就制作了一些特殊的破坏程序附在产品中。比如“巴基斯坦”病毒，其制作目的无非是追踪那些非法拷贝他们产品的用户。随着信息产业的法制化，用于这种目的的病毒已近绝迹。

（4）用于特殊目的

某组织或个人为达到特殊目的，对政府机构、企业的特殊系统进行暗中破坏或窃取机密文件和数据。这几种原因是计算机病毒产生的初始原因，但就计算机病毒肆虐的今天而言，病毒制造的目的已完全背离了初始的样子。

在当今，“无意中造成”的计算机病毒几乎很少，更多的是故意制造的病毒，是与病毒产业链有关的，是完全的犯罪行为。所以，现在大多数国家的法律都明文规定：凡故意制造病毒并已经对他人造成损害的，属于犯罪行为。

3. 计算机病毒的特征

（1）传染性

传染性是病毒的基本特征。计算机病毒的传染性是指病毒具有自我复制传播或通过其他途径进行传播的特性。

计算机病毒程序代码一旦进入计算机，并在适合的条件下得以激活或执行，它就会搜寻其他符合其传染条件的程序或存储介质，确定目标后再将自身代码复制到其中，达到自我繁殖与扩散的目的，凡符合感染条件的文件都会被感染。被感染的文件又成了新的传染源再进行传播。如果这台计算机再与其他计算机进行数据交换，如通过 U 盘或网络等渠道进行接触，病毒还会继续传播感染其他计算机。

（2）非授权性

正常的程序是先由用户调用，再由系统分配资源来完成用户交给的任务，其目的对用户是可见的、透明的。而病毒具有正常程序的一切特性，它隐藏在正常程序中，当用户调用正常程序时就可窃取到系统的控制权，并先于正常程序执行，而病毒的动作和目的，用户是不可预知的，其执行也是未经允许的。

（3）隐蔽性

计算机病毒一般是具有很高编程技巧、短小精悍的程序，具有很强的隐蔽性。通常附在正常程序中或磁盘、U 盘等较隐蔽的地方，也有个别的以隐含文件形式出现，目的是不让用户发现它的存在。如果不经过代码分析，病毒程序与正常程序是不容易区别的。计算机病毒程序一般在没有防护措施的情况下取得系统控制权后，可以在很短的时间里传染大量程序。正是由于隐蔽性，计算机病毒得以在用户没有察觉的情况下扩散到上百万台计算机中。大部分病毒的代码之所以设计得非常短小，也是为了隐藏。

（4）潜伏性

大部分的计算机病毒感染系统之后一般不会马上发作，它可长期隐藏在系统中或合法文件中，只有在满足其特定条件时才会发作。其潜伏性越好，在系统中存在的时间就越长，传染范围就越大。

（5）寄生性

计算机病毒一般寄生在其他程序中，这个程序若不执行，病毒的破坏作用就无法实施。当执行这个程序时，病毒就起破坏作用，而在未启动这个程序之前，它是不易被人发觉的，当然这种寄生性也就不易被人发现了。

（6）可触发性

计算机病毒的可触发性是指病毒因某个事件或数值的出现，“触发”其实施感染或进行攻击的特性。病毒的触发机制是用来控制其感染和破坏动作的频率的。病毒的触发条件，可能是时间、日期、文件类型或某些特定数据等。病毒运行时，触发机制检查预定条件是否满足，如果满足，启动感染或破坏动作，使病毒进行感染或攻击，如果不满足，病毒继续潜伏。

（7）破坏性

任何计算机病毒只要侵入系统，就会对系统及应用程序产生程度不同的影响。轻者会降低计算机工作效率，占用系统资源，增加、改变、移动计算机内的文件，使文件受到不同程度的损坏，重者可直接删除文件，损毁电脑中的数据，导致正常的程序无法运行，甚至系统崩溃。

（8）不可预见性

从对计算机病毒的检测方面来看，病毒还有不可预见性。不同种类的病毒，它们的代码千差万别，但有些操作是共有的（如常驻内存）。有些人利用病毒的这种共性，制作了声称可查所有病毒的程序。这种程序的确可查出一些新病毒，但由于目前的软件种类极其丰富，且某些正常程序也使用了类似病毒的操作甚至借鉴了某些病毒的技术。所以，使用这种方法对病毒进行检测势必会造成较多的误报情况。而且病毒的制作技术也在不断地提高，病毒对反病毒软件永远是超前和不可预见的。

凡属于狭义定义的计算机病毒，以上特征几乎均有，而对于广义定义的计算机病毒，就不一定具备所有的特征，像木马病毒甚至连传染性等主要特征都不具备。

4. 计算机病毒的类型

（1）按病毒存在的媒体（或寄生部位）划分

根据病毒存在的媒体或寄生部位，病毒可以划分为引导型病毒、文件型病毒、网络型病毒、混合型病毒等。

①引导型病毒。引导型病毒感染启动扇区和硬盘的系统引导扇区，主要用病毒的全部或部分逻辑取代正常的引导记录，而将正常的引导记录隐藏在磁盘的其他地方，如大麻病毒和小球病毒就是这类病毒。

②文件型病毒。文件型病毒感染计算机中的文件（如COM、EXE、DOC等），并寄生在可执行文件（如COM、EXE）中。

③网络型病毒。网络型病毒通过网络传播感染网络中的可执行文件。网络型病毒以计算机为载体、以网络为攻击对象，在发作时会大量占据计算机的运算资源和内存空间，并且造成网络拥堵。

④混合型病毒。混合型病毒则是以上病毒的混合。

（2）按病毒的传染方式划分

根据计算机病毒传染方式进行分类，可分为驻留型病毒和非驻留型病毒。

①驻留型病毒。感染计算机后，把自身的内存驻留部分放在内存（RAM）中，挂接系统调用并合并到操作系统中去，且一直处于激活状态。

②非驻留型病毒。在得到机会激活时并不感染计算机内存，一些病毒在内存中留有小部分，但是并不通过这部分进行传染。

（3）按链接方式划分

由于计算机病毒本身必须有一个攻击对象以实现对计算机系统的攻击，计算机病毒所攻击的对象是计算机系统中可执行的部分。

①源码型病毒。它要攻击高级语言编写的源程序，在源程序编译之前插入其中，并随源程序一起编译、连接成为合法程序的一部分。此时刚刚生成的可执行文件便已经被感染了。

②嵌入型病毒。这种病毒是将自身嵌入现有程序中，把计算机病毒的主体程序与其攻击的对象以插入的方式链接。

③入侵型病毒。这种病毒可用自身代替正常程序的部分模块或堆栈区。

④操作系统型病毒。这种病毒用它自己的程序意图加入或替代操作系统的部分功能进行工作，如圆点病毒和大麻病毒就是典型的操作系统型病毒。

⑤外壳型病毒。外壳型病毒将自身附在正常程序的开头或结尾，对原来的程序不做修改，相当于给正常程序加了个外壳。

（4）按破坏性划分

按病毒的破坏情况，可将计算机病毒分为良性病毒与恶性病毒。

①良性病毒。良性病毒是指其不以破坏为目的，在程序中不包含对电脑系统产生直接破坏作用的代码。所谓良性、恶性都是相对而言的。即使是良性的病毒，因为它要“繁殖传染”，必然会占用系统资源，甚至导致整个系统死锁，必然给正常操作带来麻烦。如果反复感染或几种病毒交叉感染，甚至有可能导致电脑无法正常工作。

②恶性病毒。恶性病毒的代码中包含有损伤和破坏电脑系统的操作，在其传染或发作时会对系统产生直接破坏作用，如破坏数据、删除文件、清除系统内存和操作系统的重要信息、加密与格式化磁盘等。恶性病毒会引起无法预料和灾难性的破坏，这类病毒是很危险的。

（5）按病毒的算法划分

按病毒算法，计算机病毒分为伴随型病毒、“蠕虫”型病毒与寄生型病毒。

①伴随型病毒。这类病毒并不改变文件本身，它们根据算法产生 EXE 文件的伴随体，具有同样的名字和不同的扩展名（COM），如 XCOPY.EXE 的伴随体是 XCOPY-COM。

②“蠕虫”型病毒。“蠕虫”型病毒通过计算机网络传播，不改变文件和资料信息，利用网络从一台计算机的内存传播到其他计算机的内存，将自身的病毒通过网络发送。

③寄生型病毒。除了伴随型和“蠕虫”型病毒，其他病毒均可称为寄生型病毒，它们依附在系统的引导扇区或文件中，通过系统的功能进行传播。

5. 计算机病毒的危害

在计算机病毒出现的初期，往往注重病毒对信息系统的直接破坏作用，比如格式化硬盘、删除文件数据等，并以此来区分恶性病毒和良性病毒。随着计算机应用的发展，人们深刻地认识到凡是病毒都可能对计算机信息系统造成严重的破坏。

（1）对计算机数据信息的直接破坏

大部分病毒在激发的时候直接破坏计算机的重要信息数据，所利用的手段有格式化磁盘、改写文件分配表和目录区、删除重要文件或者用无意义的“垃圾”数据改写文件等。

（2）占用磁盘空间和对信息的破坏

寄生在磁盘上的病毒总要非法占用一部分磁盘空间；引导型病毒的一般侵占方式为由病毒本身占据磁盘引导扇区，被覆盖的扇区数据永久性丢失，无法恢复；文件型病毒会把病毒的传染部分写到磁盘的未用部分。

（3）抢占系统资源

大多数病毒在动态下都是常驻内存的，这就必然抢占一部分系统资源。病毒抢占内存，还中断、干扰系统运行。

（4）影响计算机运行速度

计算机病毒进驻内存后不但干扰系统运行，还影响计算机运行速度，主要表现在以下几点。

①病毒为了判断传染激发条件，总要对计算机的工作状态进行监视，这相对于计算机的正常运行状态既多余又有害。

②有些病毒为了保护自己，不但对磁盘的静态病毒加密，而且进驻内存后也会对动态病毒加密，每次寻址到病毒处时要运行解密程序，运行结束时再对病毒重新加密，这样 CPU 会额外执行数千条甚至上万条指令。

③病毒在传染时同样要插入非法的额外操作，使计算机运行速度明显变慢。

（5）计算机病毒错误与不可预见的危害

计算机病毒与其他计算机软件的一大差别是病毒的无责任性。很多计算机病毒都是个别人在一台计算机上匆匆编制调试后就向外抛出。反病毒专家在分析大量病毒后发现绝大部分病毒都存在不同程度的错误。

错误病毒的另一个主要来源是变种病毒。有些初学计算机者尚不具备独立编制软件的能力，出于好奇或其他原因修改别人的病毒，造成错误。计算机病毒错误所产生的后果往往是不可预见的，人们也不可能花费大量时间去分析数万种病毒的错误所在。大量含有未知错误的病毒扩散传播，其后果是难以预料的。

（6）计算机病毒的兼容性对系统运行的影响

兼容性是计算机软件的一项重要指标，病毒的编制者一般不会在各种计算机环境下对病毒进行测试，因此病毒的兼容性较差，常常导致死机。

（7）计算机病毒给用户造成严重的心理压力

据有关计算机销售部门统计，用户怀疑“计算机有病毒”而提出咨询的占售后服务工作量的 60% 以上，经检测确实存在病毒的约占 70%。实际上，在计算机工作“异常”的时候，很难要求一位普通用户去准确判断是否为病毒所为。大多数用户对计算机病毒采取宁可信其有的态度，这对于保护计算机安全无疑是十分必要的，然而这往往要付出时间、金钱等方面的代价。计算机病毒像“幽灵”一样笼罩在广大计算机用户心头，给人们造成巨大的心理压力。

第三章　网络安全的相关技术

在互联网技术的快速更新与发展中，计算机技术手段改变了人们的工作与生活方式。而在网络环境中其存在的安全隐患问题也逐渐暴露。分析网络安全技术手段，合理应用各种技术手段可以切实提升网络运行的安全性，增强其稳定性。本章分为防火墙技术、信息加密技术、网络加密技术、入侵检测技术四部分，主要包括防火墙的定义、功能及分类，防火墙的基本结构，传统密码体制，链路加密，入侵检测的概念等方面的内容。

第一节　防火墙技术

一、防火墙的定义、功能及分类

防火墙（Firewall）的本义是指古代在使用木质结构房屋时，为防止火灾的发生和蔓延，人们将坚固的石块堆砌在房屋周围构筑起一道屏障，这种防护屏障就被称为“防火墙”。其实与防火墙一起起作用的就是“门”。如果没有门，各房间的人如何沟通呢？这些房间的人又如何进去呢？当火灾发生时，这些人又如何逃离现场呢？这个门就相当于我们所讲的防火墙的“安全策略”，所以在此我们所说的防火墙实际并不是一堵实心墙，而是可以理解为带有一些小孔的墙。这些小孔就是允许进行通信的通道。当然在这些小孔中安装了过滤机制，可以进行有效过滤，阻止非法通信。

现实生活中的防火墙就像机场的安检部门，对进出机场的人和一切包裹进行检查，防止非法人员通过非法手段进入机场，同时保证合法包裹能够进入机场。而网络防火墙的产生正是基于以上的比喻。

（一）防火墙的定义

国家标准《信息安全技术防火墙技术要求和测试评价方法》（GB/T 20281—2020）给出的防火墙定义是，作用于不同安全域之间，具备访问控制及安全防护功能的网络安全产品。在逻辑上，防火墙是一个分离器，一个限制器，也是一个分析器，能有效地监控流经防火墙的数据，保证内部网络和隔离区的安全。

防火墙可以是硬件也可以是软件，还可以是软硬件的组合。不管防火墙是何种形式，它本质上是一种访问控制机制。防火墙必须具备以下三个方面的基本特性：内部网络和外部网络之间的所有数据流都必须经过防火墙；能根据网络安全策略控制（允许、拒绝或监测）出入网络的信息流，且自身具有较强的网络抗攻击能力；防火墙本身不会影响数据的流通。

（二）防火墙的功能

防火墙将网络划分为以下三个区域。

1. 外部网络

外部网络部分包括互联网的主机和网络设备，此区域为防火墙的不可信公共网络部分。防火墙处于内部网络与外部网络的边界上，将对所有外部访问内部的通信按预先设置的规则进行监控、审核和过滤，不符合规则的通信将被拒绝通过，从而起到对内部网络的保护作用。

2. DMZ 区

隔离区或非军事区（DMZ）是指从内部网络中划分出的一个小区域，专门用于放置既需被内部访问又需提供公众服务的服务器，如企业的 Web 服务器、E-mail 服务器、FTP 服务器、DNS 服务器等。此区域由于要提供对外服务，因而其被保护级别设置得较低。

3. 内部网络

内部网络是防火墙要保护的对象，包括内部网络中所有核心设备，如服务器、路由器、核心交换机及用户个人计算机。内部网络有可能包括不同的安全区域，具有不同等级的安全访问权限。虽然内部网络和 DMZ 区都属于内部网络的一部分，但它们的安全级别或策略是不同的。

（三）防火墙的分类

一般将防火墙分为两种类型：一种是边界防火墙，另一种是内部防火墙。

1. 边界防火墙

边界防火墙处于外部不可信网络（包括因特网、广域网和其他公司的专用网）与内部可信网络之间，控制来自外部不可信网络对内部可信网络的访问，防范来自外部网络的非法攻击。同时，边界防火墙保证了 DMZ 区服务器的相对安全性和使用的便利性。

目前所用的防火墙主要是边界防火墙。边界防火墙的主要功能有以下几个方面。

①创建一个阻塞点。防火墙在一个公司内部网络和外部网络间建立一个检查点。这种实现要求所有的流量都要通过这个检查点。一旦这些检查点建立，防火墙设备就可以监视网络，过滤和检查所有进出的流量。这样一个检查点，在网络安全行业中称为“阻塞点”。通过强制所有进出流量都通过这些检查点，网络管理员可以集中在较少的地方来实现安全监测的目的。如果没有这样一个供监视和控制信息的点，系统或安全管理员则要在大量的地方来进行监测。

②隔离不同网络，防止内部信息的外泄。这是防火墙最基本的功能，它通过隔离内、外部网络来确保内部网络的安全，也限制了局部重点或敏感网络安全问题对全局网络造成的影响。企业秘密是大家普遍非常关心的问题，一个内部网络中不引人注意的细节可能包含了安全线索而引起外部攻击者的兴趣，甚至因此暴露了内部网络的某些安全漏洞，使用防火墙就可以隐蔽那些透漏内部细节信息的服务。

③强化网络安全策略。通过以防火墙为中心的安全方案配置，能将所有安全软件（如口令、加密、身份认证、审计等）配置在防火墙上。与将网络安全问题分散到各个主机上相比，防火墙的集中安全管理更加经济，各种安全措施的有机结合，更能有效地对网络安全性能起到加强作用。

④有效地审计和记录内、外部网络上的活动。防火墙可以对内、外部网络存取和访问进行监控审计。如果所有的访问都经过防火墙，那么，防火墙就能记录下这些访问并进行日志记录，同时也能提供网络使用情况的统计数据。当发生可疑动作时，防火墙能进行适当的报警，并提供网络是否受到监测和攻击的详细信息。这为网络管理人员提供了非常重要的安全管理信息，可以使管理员清楚防火墙是否能够抵挡攻击者的探测和攻击，并且清楚防火墙的控制是否充足。

2. 内部防火墙

内部防火墙处于内部不同可信等级安全域之间，起隔离内部网络关键部门、子网或用户的作用。

内部防火墙的主要功能有以下几个方面。

①可以精确制定每个用户的访问权限，保证内部网络用户只能访问必要的资源。

②内部防火墙可以记录网段间的访问信息，及时发现误操作和来自内部网络其他网段的攻击行为。

③通过集中的安全策略管理，使每个网段上的主机不必再单独设立安全策略，降低了因人为因素而导致的网络安全问题发生的可能性。

二、防火墙的基本结构

有的人认为防火墙的部署很简单，只要将防火墙的局域网（LAN）口与企业内部网络连接，广域网（WAN）口与外部网络连接即可，其实这种看法是不正确的。由于用户的网络安全需求与防范目的不同，在实现具体的防火墙结构时，应进行不同的部署。一般防火墙有四种结构：屏蔽路由器防火墙、双宿主堡垒主机防火墙、屏蔽主机防火墙和屏蔽子网防火墙。

（一）屏蔽路由器防火墙

屏蔽路由器防火墙结构是最初的防火墙结构方案，并不是采用专用的防火墙设备部署的，而是在原有的包过滤路由器上进行包过滤部署，因此又称之为包过滤路由器防火墙。

在屏蔽路由器防火墙结构中，内部网络的所有出入都必须通过包过滤路由器，路由器审核每个数据包，依据过滤规则决定允许或拒绝数据包。

（二）双宿主堡垒主机防火墙

双宿主堡垒主机防火墙结构用一台特殊主机来实现，这台主机也被称为堡垒主机。这台主机拥有两个不同的网络接口，一端接外部网络，另一端连接需要保护的内部网络，故称为双宿主机。此主机上运行着防火墙软件，可以转发应用程序、提供服务等。

双宿主堡垒主机防火墙结构优于屏蔽路由器防火墙结构，因为双宿主堡垒主机的系统软件可用于维护系统日志、硬件复制日志和远程日志，这对日后的检查很有用。但这不能帮助管理员确认哪些主机可能已被黑客入侵。

另外，双宿主堡垒主机防火墙的最大特点是 IP 层的通信是被阻止的，两个网络间的通信是靠应用层数据共享或应用层代理服务来实现的。该结构还应用于对多个内部网络或网段的安全防护，即一个堡垒主机可以同时连接着一个外网和多个内部网络，堡垒主机上需安装多个网卡。

双宿主堡垒主机是隔开内部和外部网络的唯一屏障，如果入侵者得到了双宿主堡垒主机的访问权，就能迅速控制内部网络，因此双宿主堡垒主机上只能安装小的服务，并设置较低的权限以免被攻击者控制后对内部网络造成较大的危害。

此外，双宿主堡垒主机的角色决定了其性能非常重要，否则将影响外部用户对内部网络的访问。

（三）屏蔽主机防火墙

屏蔽主机防火墙由屏蔽路由器和双宿主堡垒主机组成，是屏蔽路由器防火墙结构和双宿主堡垒主机防火墙结构的组合。

屏蔽主机防火墙使用一个屏蔽路由器，屏蔽路由器至少有一条路径，分别连接到非信任的网络和堡垒主机上。屏蔽路由器为堡垒主机提供基本的过滤服务，所有的 IP 数据包只有经过路由器过滤后才能到达堡垒主机。堡垒主机同样可以连接多个内部网络，只需按需安装多个网卡。

当外部网络的数据包经过路由器过滤后，还必须到堡垒主机上进行进一步检查。堡垒主机不仅可以使用网络层策略，还可以使用应用层的功能对发来的数据包进行检查，允许或者拒绝数据包进入内部网络。

屏蔽主机防火墙结构的安全等级比包过滤防火墙更高，因为它实现了网络层安全和应用层安全，入侵者在进入内部网络之前必须参透两种不同的安全系统。外部网络只能访问堡垒主机，去往内部网络的所有信息都被阻断。

屏蔽主机防火墙存在一些问题，主要表现在以下三个方面。

①屏蔽路由器成为安全关键点，也可能成为可信网络流量的瓶颈。

②屏蔽路由器是否正确配置是防火墙安全与否的关键。屏蔽路由器的路由表必须正确防护，避免入侵者的修改。

③禁止 ICMP 重新定向，以避免入侵者利用路由器对错误重定向消息的应答而攻击网络。

因此，在屏蔽主机防火墙结构中，堡垒主机有被绕过的可能，一旦堡垒主机被攻破，内部网络将完全暴露。

（四）屏蔽子网防火墙

屏蔽子网防火墙使用一个或多个屏蔽路由器和堡垒主机，同时在内外网之间建立一个被隔离的子网，即 DMZ 区，这是当前应用最广泛的防火墙结构。

屏蔽子网防火墙结构中存在三道防线。外部屏蔽路由器用于管理所有外部网络对 DMZ 区的访问，它只允许外部网络访问堡垒主机或 DMZ 区中对外开放的服务器，并防范来自外部网络的攻击。内部屏蔽路由器位于 DMZ 区与内部网络之间，提供第三层防御，它只接收来自堡垒主机的数据包，管理 DMZ 区到内部网络的访问，只允许内部网络访问 DMZ 区中的堡垒主机或服务器。

屏蔽子网防火墙系统的安全性很好，不管是外部网络访问内部网络的流量，还是内部网络访问外部网络的流量，都必须经过 DMZ 区子网并接受检查。

堡垒主机上可运行代理服务，是最容易受到入侵的，一旦堡垒主机被控制，可以屏蔽子网结构，在内部屏蔽路由器的保护下，保证内部可信网络的安全。当然，屏蔽子网防火墙结构也存在两点不足：一是比其余结构所花的代价更高；二是堡垒主机的配置更加复杂。

三、防火墙的分类

（一）从防火墙的物理特性分类

很明显，如果从防火墙的物理特性来分，防火墙可以分为硬件防火墙和软件防火墙。

1. 硬件防火墙

最初的防火墙与我们平时所看到的集线器、交换机一样，都属于硬件产品。它在外观上与集线器和交换机类似，只有少数几个接口，分别用于连接内、外部网络，由防火墙的基本作用决定。

2. 软件防火墙

随着防火墙应用的逐步普及和计算机软件技术的发展，为了满足不同层次用户对防火墙技术的需求，许多网络安全软件厂商开发出了基于纯软件的防火墙，俗称“个人防火墙”。

之所以说它是“个人防火墙”，是因为它安装在主机中，只对一台主机进行防护，而不对整个网络进行防护。

（二）从防火墙的技术分类

总体来讲，防火墙技术可分为“包过滤型”和“应用代理型”两大类。前者以以色列的捷邦（Checkpoint）防火墙和美国思科（Cisco）公司的 PIX 防火墙为代表，后者以美国网络联盟（NAI）公司的 Gauntlet 防火墙为代表。

1. 包过滤型防火墙

包过滤型防火墙工作在 OSI 参考模型的网络层和传输层，它根据数据包的源地址、目的地址、端口号和协议类型等标志确定是否允许该数据包通过。只有满足过滤条件的数据包才被转发到相应的目的地，其余数据包则在数据流中被丢弃。

包过滤方式是一种通用、廉价和有效的安全手段。之所以通用，是因为它不是针对各具体的网络服务采取特殊的处理方式，它适用于所有网络服务；之所以廉价，是因为大多数路由器都提供数据包过滤功能，所以这类防火墙多数是由路由器集成的；之所以有效，是因为它在很大程度上满足了绝大多数企业的安全要求。

在整个防火墙技术的发展过程中，包过滤技术出现了两种不同的版本，即第一代静态包过滤和第二代动态包过滤。

（1）第一代静态包过滤型防火墙

这类防火墙几乎是与路由器同时产生的，它是根据定义好的过滤规则审查每个数据包以便确定其是否与某一条包过滤规则匹配。过滤规则基于数据包的包头信息进行制定。包头信息中包括 IP 源地址、IP 目标地址、传输协议（TCP、UDP、ICMP 等）、TCP/UDP 目标端口、ICMP 消息类型等。

（2）第二代动态包过滤型防火墙

这类防火墙采用动态设置包过滤规则的方法，避免了静态包过滤所具有的问题。这种技术后来发展成包状态监测技术。采用这种技术的防火墙可对通过其建立的每一个连接都进行跟踪，并且根据需要可动态地在过滤规则中增加或更新条目。包过滤方式的优点是不用改动客户机和主机上的应用程序，因为它工作在网络层和传输层，与应用层无关。但其弱点也是明显的：过滤判别的依据只是网络层和传输层的有限信息，因而各种安全要求不可能充分满足；在许多过滤器中，过滤规则的数目是有限制的，而且随着规则数目的增加，性能会受到很大的影响；由于缺少上下文关联信息，不能有效地过滤如 UDP、RPC 一类的协议；大多数过滤器中缺少审计和报警机制，它只能依据包头信息，而不能对用户身份进行验证，很容易受到“地址欺骗型”攻击；对安全管理人员素质要求高，建立安全规则时，必须对协议本身及其在不同应用程序中的作用有较深入的理解。

2. 应用代理型防火墙

应用代理型防火墙工作在 OSI 的最高层，即应用层。其特点是完全“阻隔”

了网络通信流，通过对每种应用服务编制专门的代理程序，实现监视和控制应用层通信流的作用。在代理型防火墙技术的发展过程中，也经历了两个不同的版本，即第一代应用网关型防火墙和第二代自适应代理型防火墙。

（1）第一代应用网关（Application Gateway）型防火墙

这类防火墙是通过一种代理（Proxy）技术参与到一个TCP连接的全过程。从内部发出的数据包经过这样的防火墙处理后，就好像源于防火墙外部网卡一样，从而可以达到隐藏内部网络结构的作用。这种类型的防火墙被网络安全专家和媒体公认为最安全的防火墙，它的核心技术就是代理服务器技术。

（2）第二代自适应代理（Adaptive Proxy）型防火墙

这类防火墙是近几年才得到广泛应用的一种新型防火墙。它可以结合代理型防火墙的安全性和包过滤防火墙的高速度等优点，在毫不损失安全性的基础之上将代理型防火墙的性能提高10倍以上。组成这种类型防火墙的基本要素有两个：自适应代理服务器（Adaptive Proxy Server）与动态包过滤器（Dynamic Packet Filter）。

在“自适应代理服务器”与“动态包过滤器”之间存在一个控制通道。在对防火墙进行配置时，用户仅仅将所需要的服务类型、安全级别等信息通过相应Proxy的管理界面进行设置就可以了。然后，自适应代理会根据用户的配置信息，决定是使用代理服务从应用层代理请求还是从网络层转发包。如果是后者，它将动态地通知包过滤器增减过滤规则，以满足用户对速度和安全性的双重要求。

代理型防火墙的最突出的优点就是安全。由于它工作于最高层，所以它可以对网络中任何一层数据通信进行筛选保护，而不像包过滤那样，只对网络层的数据进行过滤。

另外，代理型防火墙采取的是一种代理机制，它可以为每一种应用服务建立一个专门的代理，所以内、外部网络之间的通信不是直接的，都需先经过代理服务器审核，通过后再由代理服务器代为连接，根本没有给内、外部网络计算机任何直接会话的机会，从而避免了入侵者使用数据驱动类型的攻击方式入侵内部网络。包过滤型防火墙是很难彻底避免这一漏洞的。就像你要向一个陌生人递交一份声明一样，如果你先将这份声明交给你的律师，然后律师就会审查你的声明，确认没有什么负面的影响后才由他将此声明交给那个陌生人。在此期间，陌生人对你的存在一无所知，因为他仅与你的律师进行交接。如果他要对你进行侵犯，他直接面对的将是你的律师，而你的律师当然比你更加清楚该如何对付这种人。

（三）从防火墙的应用部署分类

如果按防火墙的应用部署位置划分，防火墙可以分为边界防火墙、混合防火墙、个人防火墙三大类。

1. 边界防火墙

边界防火墙是最传统的那种防火墙，它们位于内、外部网络的边界，所起的作用是对内、外部网络实施隔离，保护边界内部网络。这类防火墙一般都是硬件类型的，价格较贵，性能较好。

2. 混合防火墙

混合防火墙可以说是“分布式防火墙”或者“嵌入式防火墙”，它是一整套防火墙系统，由若干个软、硬件组件组成，分布于内、外部网络边界和内部各主机之间，既对内、外部网络之间的通信进行过滤，又对网络内部各主机间的通信进行过滤。它属于最新的防火墙技术之一，性能最好，价格也最贵。

3. 个人防火墙

个人防火墙安装于单台主机中，防护的是单台主机。这类防火墙应用于广大的个人用户，通常为软件防火墙，其价格最便宜，性能也最差

（四）从防火墙的性能分类

按防火墙的性能划分，可将防火墙分为百兆级防火墙、千兆级防火墙两类。因为防火墙通常位于网络边界，所以至少是百兆级的。这主要是指防火墙的通道带宽，或者说是吞吐率。当然通道带宽越宽，性能越高，这样的防火墙因包过滤或应用代理所产生的延时也越小，对整个网络通信性能的影响也就越小。

四、防火墙技术分析

（一）包过滤技术

包过滤又称“报文过滤”，它是防火墙最早应用的、最基本的过滤技术。包过滤技术就是对通信过程中的数据进行过滤（又称筛选），使符合事先规定的安全规则（或称“安全策略”）的数据包通过，而丢弃那些不符合安全规则的数据包。

1. 包过滤的原理

包过滤防火墙工作在网络层和传输层，它是根据数据包中包头部分所包含的源 IP 地址、目的 IP 地址、协议类型（TCP 包、UDP 包、ICMP 包）、源端口、

目的端口及数据包传递方向等信息，判断该数据包是否符合安全规则，以此来确定该数据包是否允许通过。包过滤防火墙的关键问题是如何检查数据包，以及检查到什么程度才能既保障安全又不会对通信的速度产生明显的影响。理论上可以对协议包头部分的任何数据域进行分析和过滤，但实际应用中，大多数包过滤型防火墙只是针对性地分析数据包信息头的部分域。

以 TCP/IP 为例，包过滤技术一般只针对 IP 包头中的总长度、标志、协议类型、源 IP 地址、目的 IP 地址部分进行分析和过滤；而 TCP 包头一般只针对源端口、目的端口、标志位进行分析和过滤。

2. 包过滤规则表

包过滤规则表定义了什么包可以通过防火墙，什么包必须丢弃，这些规则通常称为数据包过滤访问控制列表（ACL）。

当数据流进入包过滤防火墙后，防火墙检查数据包的相关信息，开始从上至下逐条扫描过滤规则，如果匹配成功则按照规则设定的动作（允许或拒绝）执行，不再匹配后续规则。所以，在访问控制列表中规则的出现顺序至关重要。

3. 包过滤技术的优缺点

（1）包过滤防火墙的优点

①处理速度快，效率高。

②对安全要求低的网络利用路由器的防火墙功能即可实现包过滤，无须添加其他设备。

③包过滤对于用户层来说是透明的，用户的应用层不受影响。

（2）包过滤防火墙的缺点

①无法阻止 IP 欺骗，黑客可以在网络上伪造 IP 地址、路由信息等欺骗防火墙。

②对路由器中过滤规则的设置和配置十分复杂，涉及规则的逻辑一致性、作用端口的有效性和规则集的正确性，一般的网络管理员难于胜任，而且一旦出现新的协议，管理员需要加上更多的规则去限制。

③不支持应用层协议，无法发现应用层的攻击，如各种恶意代码的攻击。

④不支持用户认证，只判断数据包来自哪台机器，不判断来自哪个用户。

⑤由于缺少上下文关联信息，不能有效地过滤如 UDP、RPC、Telnet 一类的协议，以及处理动态端口连接。

（二）网络地址翻译技术

1. NAT 的概念

网络地址转换（Network Address Translation，NAT），也称 IP 地址伪装技术。最初设计 NAT 的目的是减缓 IP 地址短缺的问题，才让所有内部网络使用私有地址，而所有在公网上的网络设备必须拥有公网地址，当内部网络要访问公网时，必须得将私有 IP 地址映射到公网（合法的因特网 IP 地址），这就是 NAT 技术。

NAT 技术并非专为防火墙而设计，其显著的优点是节约了公网 IP 地址，同时，NAT 对内部网络有隐藏作用，正是因为这个原因，我们至今还能使用 IPV4。

NAT 技术根据实现方法的不同，可分为静态 NAT 技术和动态 NAT 技术。

（1）静态 NAT 技术

静态 NAT 技术是为了在内网地址和公网地址之间建立一对一映射关系而设计的。静态 NAT 需要内网中的每一台主机都拥有一个真实的公网 IP 地址。NAT 网关依赖于指定的内网地址到公网地址之间的映射关系来运行。

（2）动态 NAT 技术

动态 NAT 技术是指将一组内网 IP 地址动态映射为公网 IP 地址池中的一个或多个地址，动态 NAT 不必像使用静态 NAT 那样进行一对一的映射。动态 NAT 的映射表对网络管理员和用户透明。

使用 NAT 技术后，公网上的主机不能访问私网上的计算机。这对私网主机起到隐蔽的作用。

端口地址转换（PAT）是动态 NAT 的一种形式，被广泛应用于各企事业单位。它将多个私网 IP 地址映射成 1 个公网 IP 地址。本质上讲网络地址映射并不是简单的 IP 地址之间的映射，而是网络套接字（IP 地址和端口号共同组成）的映射。当多个私网 IP 地址映射到同一个公网 IP 地址时，可以通过不同的端口号来区分它们，这种技术被称为复用，大大节约了 IP 地址，同时也隐藏了内部网络拓扑结构。

2. NAT 技术优缺点分析

（1）NAT 技术的优点

①节省了公网 IP 地址。

②隐蔽了内部网络，使内部网络安全性提高。

（2）NAT技术的缺点

①一些应用层协议的工作特点导致了它们无法使用NAT技术。当端口改变时，有些协议不能正确执行它们的功能。

②静态和动态NAT存在安全问题。

③难以应对内部主机的引诱和特洛伊木马攻击。通过动态NAT可以使黑客难以了解网络内部结构，但是无法阻止内部用户主动连接黑客主机。如果内部主机被引诱连接到一个恶意外部主机上，或者连接到一个已被黑客安装了木马的外部主机上，内部主机将完全暴露，就像没有防火墙一样容易被攻击。

④存在状态表超时问题。

（三）网络代理技术

网络代理技术与包过滤技术完全不同，代理防火墙不再围绕数据包，而是着重于应用级，分析经过它们的应用数据，决定是转发还是丢弃。

代理服务分为应用层代理和传输层代理两种。

1. 应用层代理

应用层代理也称应用层网关（Application Gateway）技术，它工作在OSI模型的最高层——应用层。应用层代理技术不再依赖包过滤工具来管理进出防火墙的数据流，而是通过对每一种应用服务编制专门的代理程序来实现监视和控制应用层信息流的。通常可以使用应用层代理的服务有HTTP、HTTP/SSL、FTP、SMTP、POP3、Telnet等，使得内网用户可以安全地浏览网页、收发邮件和进行远程登录等。

代理服务器实际承担着客户机和服务器的双重角色，在客户机和服务器之间传递的所有数据均由应用代理程序转发，因此应用代理程序完全控制了会话过程，并按需要进行详细记录。

基于代理的防火墙没有传统的包过滤防火墙遇到的ACK攻击扫描问题。因为ACK不是有意义的应用请求的一部分，它将被代理丢弃。应用层代理可以梳理应用级协议，以确保所有交换都严格遵守协议集。

应用层网关优缺点分析如下。

（1）应用层网关的优点

①应用层网关有能力支持可靠的用户认证并提供详细的注册信息。

②用于应用层的过滤规则相对于包过滤防火墙来说更容易配置和测试。

③代理工作在客户机和真实服务器之间，完全控制会话，所以可以提供很详细的日志和安全审计功能。

④提供代理服务的防火墙可以被配置成唯一的可被外部看见的主机，这样可以隐藏内部网的 IP 地址，可以保护内部主机免受外部主机的进攻。

⑤通过代理访问因特网可以解决合法 IP 地址不够用的问题，因为因特网所见到的只是代理服务器的地址，内部的 IP 通过代理可以访问因特网。

（2）应用层网关的缺点

①在代理型防火墙技术的发展过程中，也经历了两个不同的版本，即第一代应用代理网关防火墙和第二代自适应代理防火墙。当用户对内、外网络网关的吞吐量要求比较高时代理防火墙就会成为内、外网络之间的瓶颈。

②有限的连接性。

③有限的应用技术。

2. 传输层代理

传输层代理与 TCP 层交互，更加灵活。其要求代理服务器具有部分真正服务器的功能：监听特点 TCP 或 UDP 端口，接收客户端请求的同时向客户端发出相应响应。

（四）虚拟专用网络

现代企业的发展对网络提出了越来越高的要求，而采用传统的路由交换和广域网技术构建企业网络时，网络将面临路由设计、地址规划、安全保护、成本等诸多挑战。因此，虚拟专用网（Virtual Private Network，VPN）技术应运而生。

1. 什么是 VPN

（1）VPN 的定义

根据国家标准《信息技术 安全技术 IT 网络安全 第 5 部分：使用虚拟专用网的跨网通信安全保护》（GB/T 25068.5—2010）中的定义，VPN 是一种在现有网络或点对点连接上建立一至多条安全数据信道的机制。它是只分配给受限的用户组独占使用，并能在需要时动态地建立和撤销的私有专用网络。

利用基于 IP 的 Internet 实现 VPN 的核心是各种隧道（Tunnel）技术。通过隧道，企业私有数据可以跨越公共网络安全地传递。VPN 利用公共网络建立虚拟的隧道，在远端用户、驻外机构、合作伙伴、公司总部与分部间建立广域网连接，既保证了连通性又保证了安全性。

（2）VPN 的功能

一个虚拟专用网络至少应该能提供如下功能。

①数据加密。保证通过公共网络传输的数据，即使被他人截获也不至于泄露信息。

②信息认证和身份认证。保证信息的完整性、合法性和信息来源的可靠性（不可抵赖性）。

③访问控制。不同的用户应该分别具有不同的访问权限。

随着虚拟专用网络技术的发展，出现了多种虚拟专用网络解决方案，对于管理人员来说，选择一个合适的方案往往很困难，因为每一种方案都提供了相似但又不完全相同的安全性、可用性，且各有优缺点。为了选择合适的安全方案，决策者应首先明确安全需求，以利于选择用哪种方案。

另外，一个组织的网络安全不仅仅依赖于 VPN，通常还需要路由器、代理服务器以及网络软件及硬件的组合。

（3）VPN 安全要求

防护网络中的信息和与网络相连的系统中的信息以及它们所使用的服务，须做到以下几点。

①保护支撑网络基础设施。

②保护网络管理系统。

为此，VPN 实施中需要确保以下安全要求：在 VPN 端点之间传输的数据和代码的保密性、完整性和可用性；VPN 用户和管理员的真实性、有授权；VPN 端点和网络基础设施的可用性。

（4）VPN 的优势

VPN 的优势包括以下几点：可以快速构建网络，降低部署周期；与私有网络一样提供安全性、可靠性和可管理性；可利用 Internet，实现无处不连通，处处可接入；简化用户侧的配置和维护工作；提高基础资源的利用率；节约用户的开销；运营商可大量利用基础设施，提供大量、多种业务。

2. VPN 的分类

VPN 技术所涉及的具体技术内容庞杂、种类繁多。依据不同的划分标准可将 VPN 划分为不同的类型。

①按业务用途划分，可分为远程访问 VPN、企业内部 VPN、企业外部 VPN。

②按运营模式划分，可分为基于用户前端设备的 VPN、基于运营端端口配置的 VPN。

③按组网模型划分，可分为虚拟私有拨号网络（Virtual Private Dial Networks，

VPDN）、虚拟私有路由网络（Virtual private Routed Networks，VPRN）、虚拟专线（Virtual Leased Lines，VLL）、虚拟私有 LAN 服务（Virtual Private LAN Segment，VPLS）。

④按网络层次划分，可分为 Layer-2 VPN、Layer-3 VPN。

第二节　信息加密技术

一、加密 / 解密的基本过程

对需要保密的信息进行重新编码的过程称为加密，加密前的信息称为明文，经过加密后的信息称为密文，加密依据的编码规则称为加密算法。将密文恢复为明文的过程称为解密，解密依据的规则称为解密算法。加密算法和解密算法的操作通常都是在一组密钥控制下进行的。作用于加密算法的密钥称为加密密钥，作用于解密算法的密钥称为解密密钥。

密钥可以看作密码算法中的可变参数，如果算法不变而仅改变密钥，同样能够改变明文与密文之间的等价函数关系。因此，密钥能够充分发挥已设计的算法作用。

二、传统密码体制

传统密码体制是一种私钥密码体制，即密钥不能公开的密码体制。传统密码体制的特点是加密与解密使用同一个密钥。为了提高安全保密性，传统密码体制在发展过程中也进行了许多改进，即加密与解密也可以使用不同的密钥，但是仍可以方便地从加密密钥推导出解密密钥。

（一）替代密码算法

替代密码算法的基本原理是明文中的每个（或每组）字符被替换为密文中的另一个（或一组）字符。著名的恺撒（Caesar）密码就是典型的替代密码。例如，将字母表中 a，b，e，d，e，…，x，y，z 的自然顺序保持不变，但使之与经过循环移位的字母表 d，e，f，g，h，…，a，b，c 分别进行对应替换。加密时，通过查找对应字符替换生成密码，解密时再进行相反的替换。

替代密码算法的最大特点是密文中所含的元素是相同的，仅仅是排列的位置不同而已。因此，攻击者很容易通过统计分析来破译，故安全性不高。

（二）置换密码算法

置换密码算法的基本原理是按照某种规则重新排列明文中的比特或字符顺序，形成密文。例如，明文是“this is a sample”，选择“basic”作为密钥，加密算法是根据密钥中字母出现的先后顺序按列生成密文。经过加密后的密文是“hsa+tise++l+sap+i+m+”。加密方法及过程如下。

首先，根据英文字母的先后顺序，计算出密钥“basic”中的每个字母的相对先后顺序。如在密钥“basic”中 b 的出现顺序是第 2 个，a 是第 1 个，s 是最后一个（第 5 个），i 是第 4 个，c 是第 3 个。由此得出密钥字母的相对先后顺序为：2 1 5 4 3。

其次，按照密钥的宽度将明文先行后列依次对应排列。

最后，按照密钥中字母出现的先后顺序，依次按列读出明文，即先读顺序为 1 的明文列，得到 hsa+，随后读顺序为 2 的明文列，得到 tise，再读顺序为 3 的明文列，得到 ++1+，依次类推，最后得到的密文就是“hsa+tise++1+sap+i+m+”。

解密方法则是把接收到的密文按照密钥中的字母顺序排列，顺序写出。最后按行从左到右顺序读出，即可得到解密后的明文。

替代密码算法和置换密码算法都属于传统的加密体制。传统的加密体制的显著特点就是加密 / 解密算法简单，易于实现。在人类历史发展的过程中，传统的加密体制曾经发挥了巨大作用，产生了深刻影响。但是传统的加密体制的主要弱点是加密 / 解密算法与密钥密切相关，攻击者容易利用字符统计分析和语言学知识进行破译。因此，其安全性不够高，如今已经很少采用。

在现代的密码体制中，加密算法和解密算法是公开的，而保密的是密钥。因此，密钥的安全性就决定了密码系统的安全性。这种基于密钥算法的密码体制目前主要有两类，即对称密钥密码体制和非对称密钥密码体制。

三、对称密钥密码体制

对称密钥密码体制也称单密钥密码体制、常规密钥密码体制或秘密密钥密码体制。

对称密钥密码体制的特点是加密与解密采用的是相同的密钥。它是在传统的密码体制基础上，将算法和密钥进行了合理分离，加大了算法设计的复杂性，并使用较长的密钥，使得攻击者很难破译。一般情况下，对称密钥密码体制的算法是公开的，但是密钥是保密的。因此，系统的保密性完全依赖于密钥的安全性。如何管理密钥以及安全地传递密钥是对称密钥密码体制必须解决的重要问题。

典型的对称密钥密码体制的加密算法有数据加密标准（DES）算法、国际数据加密算法（IDEA）等。

（一）数据加密标准算法

DES 算法是典型的对称密钥密码体制的加密算法。该算法由 IBM 公司于 20 世纪 60 年代初开发，1977 年被美国国家标准局采纳，并作为美国国家标准。随后，ISO 也将 DES 作为数据加密标准。

DES 算法大致可以分为初始置换、迭代过程、逆置换和子密钥生成四个基本组成部分。

DES 算法属于分组密码算法，加密的基本原理如下：首先，在加密前，先把明文按照 64 位（8 个字节）为单位进行分组；然后，对每组明文进行加密，从而生成一系列的 64 位的密文组；最后，将所有的密文组串接形成密文。整个加密过程是在一个 64 位的密钥控制下进行的。但是实际上参与运算的密钥长度仅为 56 位，另外 8 位是用于奇偶校验。

使用 DES 算法加密时，先把明文以 64 位为单位进行分组，然后以分组为单位分别输入。每 64 位的数据经过初始置换后，被分成左右各 32 位的两部分，密钥先与右半部分结合，再与左半部分结合，结果作为下一轮的右半部分。结合前的右半部分直接作为下一轮的左半部分。此迭代过程重复 16 次，在最后轮将右半部分与左半部分交换后作为逆置换的输入，经过逆置换最终得到 64 位的密文。在每轮的迭代过程中，为了使右半部分（32 位）能够与 56 位的密钥相结合，需要进行两个变换：一个是通过重复某些位将 32 位的右半部分扩展到 48 位，而 56 位的密钥则是通过选择其中的 48 位来与其进行结合。另一个是在每轮迭代过程中，密钥也经过了左移若干位和置换，目的是从 56 位的密钥中得出唯一的轮次密钥。

DES 算法的解密过程与加密相似，只是生成密钥的顺序正好相反。

DES 算法属于对称密钥密码体制，其加密与解密使用相同的密钥。DES 的算法是公开的，密钥的安全性和一致性，直接决定了 DES 算法的安全性和有效性。实际上，对于 DES 算法的安全性方面人们最担心的是它的密钥的长度问题，因为 DES 算法密钥长度实际仅为 56 位，如果攻击者试图用穷举搜索法来攻击 DES 算法，从表面上看，DES 算法可能不足以抵抗穷举搜索攻击。而实际的情况是，如果攻击者即使每微秒攻击一个密钥，也要耗费大约 2283 年的时间才有可能攻破。显然DES算法对穷举攻击的抵抗性是很高的，但是随着高性能计算机的出现以及分布式计算能力的不断提高，特别是Internet的飞速发展，DES算法的安全性已经受到了严重威胁。例如：1997年，美国人维瑟（Verser）利用Internet在数万名志愿者的协助下，用96天攻破了密钥长度为56位的DES；1999年，一些Internet的合作者，借助网络利用一台不到25万美元的专用计算机，仅用了22小时就攻破了DES。这些情况充分说明，在目前情况下利用穷举搜索法攻破DES算法密钥已经成为可能。因此，要提高DES算法安全性，就必须增加密钥长度，降低利用穷举搜索法攻破DES的可能性。

尽管如此，DES算法仍然是比较安全的算法。由于DES算法内部迭代过程相似，无论是用软件还是用硬件都能够方便实现，且效率高，因此在目前的许多行业中，DES算法仍然被广泛采用。

（二）IDEA

国际数据加密算法（IDEA）最早是由瑞士联邦理工学院的詹姆斯·梅西和来学嘉于1990年提出的，后经改进于1992年正式发布。

IDEA属于分组密码算法，算法的基本结构与DES算法相似。相对于DES算法来说，IDEA也是以64位为基本单位对明文进行分组，但是IDEA的密钥长度为128位，算法中经过8轮迭代，最后通过变换运算生成64位的密文块。对于每次迭代，每个输出比特都与每个输入比特有关。算法中，采用了混乱和扩散等操作，主要的运算有异或、模加和模乘三种。

IDEA加密与解密使用相同的算法，但是加密与解密的子密钥不一样。IDEA易于用软件和硬件实现，加密与解密的速度也相当快。与DES算法相比较，用软件实现IDEA的速度与DES算法相当。IDEA的密钥长度是DES算法的两倍，能够比DES算法更加有效地抵御穷举攻击，其安全性更高。因此，IDEA目前被公认为是一种最好最安全的分组密码算法，是用来替代DES算法的有效算法之一。

四、非对称密钥密码体制

非对称密钥密码体制是美国的惠特菲尔德·迪菲和马丁·赫尔曼于1976年提出的，它的产生是密码学历史上的一次根本性的变革与飞跃，极大地丰富了密码学的内容，促进了密码学的快速发展。

在非对称密钥密码体制中，加密密钥与解密密钥采用的是完全不同的两个密钥。其中：一个是加密密钥，用于加密信息，它是公开的密钥；另一个是解密密钥，用于解密信息，它是秘密密钥。因此，非对称密钥密码体制通常被称为公开密钥密码体制。

非对称密钥密码体制对于通信的机密性、报文鉴别、身份验证及密钥分配等都有着极其深远的意义和重要作用。比较著名的算法有 RSA、椭圆曲线及背包密码等。其中，RSA 算法是最典型也是影响最大的算法。

（一）非对称密钥密码体制的一般原理

非对称密钥密码体制的一般原理是加密与解密采用不同的密钥。其中，加密密钥 PK 是公开密钥，解密密钥 SK 是秘密密钥，加密算法 E 和解密算法 D 也是公开的。虽然解密密钥 SK 是由加密密钥 PK 决定的，但是根据 PK 不能计算得到 SK。

归纳起来，非对称密钥密码体制具有以下一些特点。

①对明文 X 用加密密钥 PK 加密后，再用解密密钥 SK 进行解密，即可以恢复原明文 X。

②加密密钥 PK 是公开的，但是不能用它来解密。

③加密密钥 PK 和解密密钥 SK 都易于计算。

④虽然解密密钥 SK 是由加密密钥 PK 决定的，但是根据 PK 不能计算得到 SK。

⑤加密算法 E 和解密算法 D 是公开的。

（二）RSA 算法

RSA 算法是由美国的河马、沙米尔和阿德尔曼三人于 1978 年研究发表的，也是最早实现迪菲·赫尔曼想法的非对称密钥算法。RSA 算法依据的原理：寻找两个大素数比较容易，但是将它们的乘积进行分解却极其困难。

RSA 算法的优点如下。

①安全性好。RSA 算法的安全性是基于数论中大数分解的难度的。对大数进行分解的难度是非常大的，因此 RSA 算法是比较安全的。

②使用方便，密钥便于管理。利用 RSA 算法，即使有多个用户进行秘密通信，也不必在通信之前交换密钥。

RSA 算法的不足之处在于效率较低、速度慢。据统计，用硬件实现 RSA 算法的时间为 DES 算法的 1000 倍，用软件实现 RSA 算法的时间为 DES 算法的 100 倍。另外，随着大数分解算法的不断改进和高性能计算机的出现，以及

Internet 分布式计算机能力的不断提高，RSA 的安全性已受到严重挑战。要提高 RSA 算法的安全性，就必须使用更长的密钥，这些措施又使它的效率低和速度慢的缺陷进一步加剧，限制了其使用范围。

因此，RSA 算法一般仅用于较少数据的加密，如数字签名。

第三节 网络加密技术

一、链路加密

链路加密是指在网络传输过程中对传输数据的通信链路进行加密，即相邻节点之间的链路加密。加密内容包括数据报文本身、路由信息和协议信息等。在链路加密方式中，每条通信链路上的加密都可以独立实现，而且对每条通信链路通常采用不同的加密算法和密钥。当报文传输到相邻节点时，该节点就需要对接收的报文进行解密，才能知道路由信息，因为路由信息也是加密的，不解密无法继续向下传输。由此可以看出，链路加密仅仅是对通信链路中的数据进行加密，而数据在每个中间节点是以明文的形式出现的。

链路加密的优点主要包括：能够实现流量保密，防止各种通信流量分析攻击的发生；系统安全性与网络中的传输技术无关；密钥管理简单。

因为每条通信链路上的加密都可以独立实现，相邻节点之间只要具有相同的密钥就可以实现链路加密，所以密钥管理易于实现，并且密钥管理对用户是透明的。

链路加密最主要的缺点是传输信息在所有中间节点都是以明文的形式出现的，因而降低了整个加密系统的安全性。另外，链路加密仅适合于点对点式网络，对于广播式网络并不适用。所以，对于网络安全性要求较高的环境，仅有链路加密是不够的。

二、端到端加密

端到端加密是在信源节点和信宿节点中对传送的协议数据单元进行加密和解密的，即加密和解密仅仅在信源和信宿两个节点上进行。但是在端到端加密中，对于协议数据单元中的控制信息部分不进行加密，如信源节点地址、信宿节点地址、路由信息等，否则中间节点无法进行正确的路由选择。端到端加密也称为面向协议的加密。

端到端加密的优点主要有以下几点。

①安全性较高。在端到端加密中，加密和解密仅仅在信源和信宿两个节点上进行，所有中间节点收到的都是经过加了密的数据信息，因此其安全性不会因中间节点的不可靠而受到影响。

②实现方式灵活，适应面广。端到端加密一般在传输层及其以上的层次实现，并且能够按照用户的要求提供所需要的安全服务。另外，端到端加密不仅适合于点对点式网络，而且适合广播式网络。

端到端加密的主要不足是抗流量分析攻击的能力不强，密钥的分配与管理较为困难。因此，为了获得较高的网络安全性、方便性和适应性，通常将端到端加密和链路加密两种方式相结合，以提高整个网络系统的安全性。

第四节　入侵检测技术

一、入侵检测的概念

入侵，是指任何试图危及计算机资源的完整性、机密性或可用性的行为。而入侵检测是对入侵行为的发觉。它通过从计算机网络或系统中的若干关键点收集信息，并对这些信息进行分析，从而发现网络或系统中是否有违反安全策略的行为和遭到攻击的迹象。进行入侵检测的软件与硬件的组合便是入侵检测系统（IDS）。入侵检测是防火墙的合理补充，能够帮助系统防御网络攻击，它扩展了系统管理员的安全管理能力（包括安全审计、监视、进攻识别和响应），提高了信息安全基础结构的完整性。入侵检测被认为是继防火墙之后的第二道安全闸门，在不影响网络性能的情况下能对网络进行检测，从而提供对内部攻击、外部攻击和误操作的实时保护。

网络入侵检测系统是一项很新的网络安全技术，目前已经受到各界的广泛关注，它的出现是对原有安全系统的一个重要补充。入侵检测系统收集计算机系统和网络的信息，并对这些信息加以分析，对保护的系统进行安全审计、监控、攻击识别并做出实时的反应。

二、入侵检测的作用

形象地说，入侵检测系统就是网络摄像机，能够捕获并记录网络上的所有数据；同时它也是智能摄像机，能够分析网络数据并提炼出可疑的、异常的网络数据；它还是X光摄像机，能够穿透一些巧妙的伪装，抓住实际的内容。此外，它还是保安员的摄像机，能够对入侵行为自动地进行反击，如阻断连接。在网络安全体系中，入侵检测系统是唯一一个通过数据和行为模式判断其是否有效的系统。防火墙就像一道门，可以阻止一类人群的进入，但无法阻止同一类人群中的破坏分子，也不能阻止内部的破坏分子；访问控制系统可以不让低级权限的人做越权工作，但无法保证高级权限的人不做破坏工作，也无法阻止低级权限的人通过非法行为获得高级权限；漏洞扫描系统可以发现系统和网络存在的漏洞，但无法对系统进行实时扫描。

对一个成功的入侵检测系统来讲，它不但可以使系统管理员时刻了解网络系统（包括程序、文件和硬件设备等）的任何变更，还能给网络安全策略的制定提供指南。更为重要的是，它的管理配置应该简单，从而使非专业人员非常容易地获得使网络安全的方法。而且，入侵检测的规模还应根据网络威胁、系统构造和安全需求的改变而改变。入侵检测系统在发现入侵后会及时做出响应，包括切断网络连接、记录事件和报警等。

三、入侵检测的过程

入侵检测的过程可以分为三个阶段：信息收集、信息分析以及告警与响应。

（一）信息收集

入侵检测的第一步是信息收集，即从入侵检测系统的信息源收集信息，包括系统、网络、数据以及用户活动的状态和行为等。而且需要在计算机网络系统的若干不同关键点（不同网段和不同主机）收集信息，这样可以尽可能地扩大检测范围，而且从一个信息源收集到的信息可能看不出疑点，但从几个信息源收集到的信息的不一致性却是可疑行为或入侵的最好标识。

当然，入侵检测很大程度上依赖于所收集信息的可靠性和正确性，因此，很有必要利用所知道的精确的软件来报告这些信息。因为黑客经常替换软件以搞混和移走这些信息，如替换被程序调用的子程序、库和其他工具。黑客对系统的修改可能使系统功能失常并看起来跟正常时一样。

（二）信息分析

入侵检测系统从信息源中收集到的有关系统、网络、数据及用户活动的状态和行为等信息，其信息量是非常庞大的，且绝大部分都是正常信息，只有很少一部分信息才可能表征着入侵行为的发生，要想从大量的信息中找到表征入侵行为的异常信息就需要对这些信息进行分析。可见，信息分析是入侵检测过程的核心环节，没有信息分析功能，入侵检测也就无从谈起。

入侵检测的信息分析方法很多，如模式匹配、统计分析、完整性分析等。每种方法都有其各自的优缺点，也都有其各自的应用对象和范围。

（三）告警与响应

当入侵检测系统检测到攻击或事件以后，系统根据攻击或事件的类型或性质，做出相应的告警与响应，即通知管理员系统正在遭受不良行为的入侵，或者采取一定的措施阻止入侵行为的继续。

常见的告警与响应方式包括：自动终止攻击、终止用户连接、禁止用户账号、重新配置防火墙阻塞攻击的源地址、向管理控制台发出警告指出事件的发生、向网络管理平台发出 SNMP trap、记录事件的日志（包括日期、时间、源地址、目的地址）、向安全管理人员发出提示性的电子邮件、执行一个用户自定义程序。

四、入侵分析的概念

入侵检测技术的研究涉及计算机、数据库、通信、网络等多方面的知识，一个有效的入侵检测系统不仅能够正确地识别系统中的入侵行为，而且还要考虑到系统本身的安全以及如何适应网络环境发展的需要。所有这些都表明，入侵检测系统将是一个复杂的数据处理系统，所涉及的问题域中的各种关系也比较复杂。

数据源提供了受保护系统的运行状态和活动记录，而审计数据的处理分析是指对原始数据的同步、整理、组织、分类以及各种类型的细致分析，从而提取其中所包含的系统活动特征或模式，用于对异常和正常行为做出判断。

（一）入侵分析的定义

从入侵检测的角度来说，分析是指对用户和系统活动数据进行有效的组织、整理及特征提取，以鉴别出感兴趣的行为。这种行为的鉴别可以实时进行，也可以事后分析，在很多情况下，事后的进一步分析是为了寻找行为的责任人。

（二）入侵分析的目的

安全管理员希望通过引入入侵行为分析来提高信息系统的安全性。除了检测入侵行为之外，入侵分析还有以下目标。

1. 重要的威慑力

目标系统使用 IDS 进行入侵分析，对于入侵者具有很大的威慑力，其攻击行为可能会被发现或被追踪。

2. 安全规划和管理

分析过程中可能会发现在系统安全规划和管理中存在的漏洞，安全管理员可以根据分析结果对系统进行重新配置，避免被攻击者窃取信息或破坏系统。

3. 入侵证据

入侵分析可以提供有关入侵行为详细的、可信的证据，用于事后追究入侵者的责任。

（三）入侵分析需要考虑的因素

1. 需求

入侵检测系统支持两个基本需求。

一是可说明性．它是指连接一个活动与人或负责该活动的实体的能力。可说明性要求能够一致地、可靠地识别和鉴别系统中的每一个用户，也必须能够可靠地联系用户及其活动的审计记录或其他事件记录。尽管可说明性的概念在商业环境中是很普通的，但它们在网络中的实现却相当困难。在网络中一个用户在不同的系统中可能会有不同的身份，就用户本地身份而言，主机级审计跟踪反映了用户的活动。但是在网络中，跟踪用户活动中的身份需要进行额外的处理。

二是实时检测和响应。其包括快速识别与攻击相关的事件链，然后阻断攻击或隐藏系统，避免攻击者的影响。例如，通过跟踪攻击者发出的命令，可以将任何被更改的文件或目标恢复到攻击前的状态。

2. 子目标

分析也有子目标。例如，用户可能需要在表格中保留信息，用于支持系统和网络上的法庭分析。还可能保留一些系统执行的情况或识别影响系统性能的问题，还包括归档和保护事件日志的完整性等。

3. 按优先权划分

在目标和要求被计算之后，它们按照优先顺序区分开来。从而决定子系统的结构。优先权可以按进度表划分，也可以按系统划分（如系统相关的所有需求比系统其他的需求的优先权高），还可以按照其他属性来划分。

4. 平衡

有时系统的需求可能和目标有冲突。例如，一个分析目标可能是将分析对目标系统的性能和资源消耗的影响降到最小。然而，为了法律的需求可能需要保存日志，这两个目标就相互冲突，因此需要进行适当的平衡。

五、入侵分析的模型

入侵分析是入侵检测的核心功能。把入侵分析处理过程分为三个阶段：构建分析器、对现场数据进行分析、反馈和提炼。前两个阶段都有三个功能：数据处理、数据分类（将数据区分为入侵指示、非入侵指示，或不确定）、后处理。

（一）构建分析器

在分析模型中，第一阶段的任务就是构建分析器。分析器执行预处理、分类和后处理的核心功能。不考虑分析方法，如果分析器能够正常运作，它必须能够配合其操作环境，因此，即使在独立作为系统环境的一部分被执行的基本系统中，这个阶段也是必需的。

1. 收集并生成事件信息

构造分析器的第一步是收集事件信息。这个阶段可能收集一个系统产生的事件信息，也可能收集实验室环境下的事件信息，这依赖于分析方法。在有些情况下，开发人员可能会人工收集这些事件信息。

（1）误用检测

对于误用检测，这部分处理包括收集入侵信息，其中有脆弱性、攻击和威胁、具体攻击工具和观察到的重要细节信息。在这种情况下，误用检测也收集典型的一致策略、过程和活动的信息。

（2）异常检测

对于异常检测，事件信息来自系统本身或指定的相似系统。因此，信息是建立指示正常用户行为的基准特征轮廓所必需的。

2. 预处理信息

所收集的事件信息需要经过许多转换以备分析器使用。它们可能被修改成通用或规范的格式，这种格式通常作为分析器的一部分。在一些系统中，数据也可能被结构化，以便执行一些特性选择或执行其他一些处理。

（1）误用检测

在误用检测中，数据预处理包括转换收集在某种常用表格中的事件信息。

例如，攻击症状和策略冲突可能被转换成基于状态转换的信号或某种产品系统规则。在一个基于网络的入侵检测系统中，数据包可能会首先被缓存，并在TCP会话期重建。

（2）异常检测

在异常检测中，事件数据可能被转换成数据表，其中一些种类的数据转换成数值表，如系统名转换成IP地址。同样，不同的信息也可能会被转换成一些规范表格。

规范表格开始用于单个分析器监视多个操作系统。每个操作系统都有其事件数据的本地格式。于是入侵检测开发者们开发了一个可分析来自不同操作系统数据的通用分析器。由此，开发者可集中将新操作系统的事件数据转换为规范格式。规范格式同样也适用于在异种操作系统环境下进行一般分析。有些入侵检测专家认为，许多企业已完全集中于一般常用的操作系统，以至于不再使用规范格式。

3. 建立一个行为分析引擎

按设计规则建立一个数据区分器。该区分器应该能够把入侵指示数据和非入侵指示数据区分开来。该分析引擎的建立依赖于分析方法。

（1）误用检测

在误用检测中，数据区分引擎是建立在规则或其他模式描述器所描绘的行为上的。这些规则或描述器能分成单一特征或复合特征。例如，检查到一个错误格式的IP包就属于单一特征，而检测到一个在UNIX下发送E-mail的攻击就属于复合特征。

误用检查区分引擎的结构可以是一个专家系统。专家系统由一个知识库构成，这种知识库包括基于过去入侵可疑行为（例如，处理前阶段收集到的资料）的规则，这些规则通常采用if-then-else的结构。

误用检查区分引擎的结构也可以是模式匹配引擎，它把入侵作为攻击特征去匹配审计数据。由于建立在这个模型上的许多系统是可靠而有效的，因此，目前商业入侵检测产品大多采用这种方法。

（2）异常检测

在异常检测中，区分模型通常由用户过去行为的统计特征轮廓构成。这些特征轮廓也用于标识系统处理的行为。这些统计特征轮廓按照各种算法进行计算，在用户行为模式下其使用方案可能会逐渐变化。这个特征轮廓可以按照固定或可变的进度表进行修补。

4. 将事件数据输入引擎中

在行为分析引擎建好后，就需要将预处理过的事件数据输入引擎中。

（1）误用检测

用预处理事件数据或攻击知识的内容，将收集到的对分析引擎有丰富意义的攻击数据输入误用检测器中。

（2）异常检测

将收集到的参考事件数据输入异常检测器中，系统基于这些数据计算用户轮廓。由于输入异常检测器的历史数据对入侵来说是不够的，通常假定没有任何协作证据，因此为异常检测器寻找合适的参考事件数据是非常重要的。

5. 在知识库中保存已输入数据的模型

输入数据的模型被存储到预定的位置，准备操作使用。在这种意义上，输入数据的模型包含了所有的分析标准，事实上也包含了分析引擎的实际核心。

（二）对现场数据进行分析

在对实际现场数据进行分析的阶段，分析器需要分析现场实际数据，识别入侵和其他重要活动。

1. 输入事件记录

执行分析的第一步是收集信息源产生的事件记录，信息源可能是网络数据包、操作系统审计记录或应用日志文件，并且这些信息源都必须是可靠的。

2. 预处理

与构造分析器一样，预处理可能需要一些事件数据。预处理的确切性质依靠分析的性质。例如，从高级会话中抽出各种 IT 消息，并且把来自操作系统的过程标识符构造成一棵高度集成的处理树。

（1）误用检测

对于误用检测，事件数据通常都转换成典型的表格，表格对应于攻击信号的结构。在一些方法中，事件数据被集成，如用户会话期、网络连接或其他高级事件构成一些重要的微时间片段。在其他方法中，可能会通过捆绑一些属性、完全删除其他属性，以及在其他数据上进行计算生成新的条理紧凑的数据记录来精简数据。

（2）异常检测

在异常检测中，事件数据通常精简成一个轮廓向量，行为属性表示为标识。

3. 比较事件记录和知识库

比较格式化的事件记录和知识库的内容，下一步的处理取决于比较的结果和对分析方案的质疑。如果记录指示一次入侵，那么就可以记入日志。如果记录没有指示，分析器就简单地接收下一个记录。

（1）误用检测

在误用检测中，预处理事件记录被提交给一个模式匹配引擎。如果模式匹配器在攻击信号和事件记录中找到一个匹配，则返回一个警告。在一些误用检测器中，如果找到一个部分匹配，如匹配一个指示可能攻击的模式，这种情况可能被记录或缓存在内存中，等待进一步的信息以便做出更明确的决定。

（2）异常检测

在异常检测中，比较用户会话行为轮廓内容与其历史轮廓，依靠分析方案进行判定。如果用户行为与历史行为是足够相关的，则指示不是一次攻击。如果判断用户行为是异常的，就返回一个警告。许多基于异常检测的入侵检查引擎可能也同时执行误用检测，所以在这些不同的方案中，他们可能相互组合在一起。

4. 产生响应

如果事件记录是相应于入侵或其他重要行为的，则需要返回一个响应。响应的性质取决于具体分析方法的性质。响应可以是一个警报、日志条目，或者是被入侵检测系统管理员指定的一些其他行为。

（三）反馈和提炼

1. 误用检测

在误用检测系统中，反馈和提炼阶段的主要功能的是反映攻击信息的特征数据库是否可以更新。每天根据新攻击方式更新攻击信息特征数据库是非常重要的。许多优化的信号引擎能够在系统监控事件数据且不中断分析过程的同时，由系统操作员来更新信号数据库。

大多数基于误用检测的分析方案都有一些关于最大时间间隔的主张，以便在这段时间内匹配一次攻击事件，这段间隔就是著名的事件地平线。对一些系统，事件地平线可能是从用户注册到退出（一次会话）。

在每一个事件中，因为要保存状态信息需要一个大容量的内存（尤其是在比较忙的系统上，有多个用户、进程和网络连接时），所以状态信息的积极管理是系统稳定性的关键。在基于网络的入侵检测系统（系统在堆上进行 TCP 会话重组）中能够看到这方面的影响。

2. 异常检测

依据执行异常检测的类型，历史统计特征轮廓将被定时更新。例如，在第一个入侵检测系统 IDES 中，每天都进行特征轮廓的更新。每个用户的摘要资料被加入知识库中，并且删除最老的资料（如 30 天前的资料）。

对于其余的统计资料（如从第 1 天到第 29 天的资料），将它们乘以一个老化因子。通过这种方法，最近的行为能够更有效地影响正常活动的决策。

六、入侵分析的方法

（一）误用检测

误用检测对于系统事件提出的问题：这个活动是恶意的吗？误用检测涉及对入侵指示器已知的具体行为的解码信息，然后为这些指示器过滤事件数据。

要想执行误用检测，需要有一个对误用行为构成的良好理解，有一个可靠的用户活动记录，有一个可靠的分析活动事件的方法。

误用检测最适用于已知使用模式的可靠检测，但它仅能检测到已知的入侵方式。

1. 产品专家系统

早期执行误用检测的方案之一是使用产品专家系统。在数据与核算系统（MIDAS）、IDES、下一代 IDES（NIDES）、决策信息分发系统（DIDS）和集中式信息数据系统（CMDS）中都使用了这种方法。在 MIDAS、IDES 和 NIDES 中，应用的产品系统是 P-BEST，该产品由艾伦·惠赫斯特（Alan Whithurst）设计。而 DIDS 和 CMDS，使用的是美国国家航空和宇航局开发的 CLIPS 系统。

使用产品专家系统可以把系统的控制推理从问题的描述中分离出去。这个特性允许用户信息像 if-then 规则一样输入攻击信息，然后输出事实（以审计事件的形式）。系统根据输入的信息评估这些事实。这个过程不需要用户理解产品系统的内部功能。在产品专家系统出现之前，用户必须在客户端编写决定引擎和规则的代码，这是一个困难、耗时的任务。

输入的攻击信息使用 if-then 语法。指示入侵的条件被放在规则的左边（if 端）。当满足这些规则时，规则执行右边（then 端）的动作。

与入侵检测产品系统的使用相关的一些实际问题包括以下内容

①不适于处理大批量的数据。由于产品专家系统中使用的说明性表达一般用来解释系统实现，解释器总是比编译器慢。

②不能对连续有序的数据做任何处理。

③不能处理不确定性。

④考虑到在知识系统中由于其他规则的变化影响而必须改变规则时，维护规则系统可能是很有问题的。

2. 状态转换方法

执行误用检测的状态转换方法允许使用最优模式匹配技巧来结构化误用检测问题。它们的速度和灵活性使其具有强有力的入侵检测能力。

状态转换方法使用系统状态和状态转换表达式来描述和检测已知入侵。实现入侵检测状态转换有很多种方法。其中，三个主要方法是状态转换分析（STAT）、有色 Petri 网方法和基于 API 的方法。

（1）状态转换分析

状态转换分析是一种方法，它使用状态转换图表（图 3-1）来体现和检测已知的入侵攻击方式。

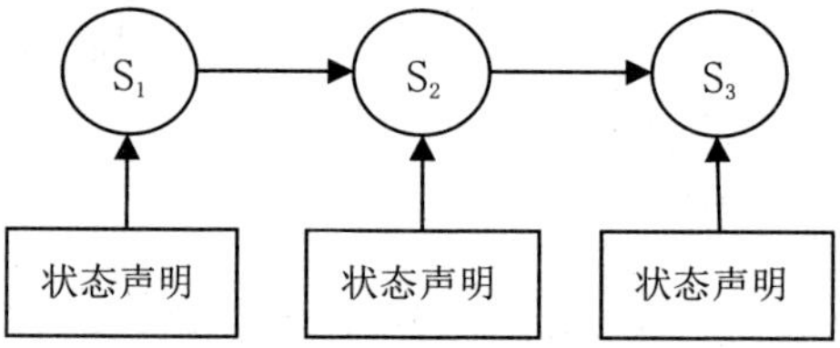

图 3-1　状态转换图表

这种方法首先在 STAT 系统中进行研究，并且扩展到 UNIX 网络环境 USTAT 中。这两个系统都是由加利福尼亚大学开发的。

状态转换图表是贯穿模型的图形化表示。在使用状态转换图表来表示入侵序列时，系统自身仅限于表示导致一次状态改变的关键活动。初始和入侵状态之间的路径可能是相当主观的，两个人能拿出两个完全不同的代表同样攻击概要的状态转换图表。每一个状态由一个或多个状态声明组成。

状态转换分析系统利用有限状态机图表模拟入侵。入侵由从系统初始状态到入侵状态的一系列动作组成，初始状态代表入侵执行前的状态，入侵状态代表入侵完成时的状态。系统状态根据系统属性进行描述，转换由一个用户动作驱动。状态转换引擎保存着一套状态转换图表。在一个给定时间内，假定一系列动作驱动系统到图表中某个特定的状态。当一个新的动作发生时，引擎拿它与每一个图表做对比，看是否能驱动到下一个状态。如果这个动作驱动到结束状态，指示一次入侵，则以前的转换信息被送到决策引擎，它向安全人员发出入侵存在的警报。

1）STAT 方法的优点

①状态转换图表提供一个直接的、高级的、与审计记录独立的概要描述。

②转换允许一个人去描绘构成攻击概要的部分顺序信号动作。

③当渗透成功时，状态转换必须使用最小可能的信号动作子集。因此，检测器能归纳出相同的渗透。

④系统保存的连接信息使它更容易表示渗透情景。

⑤系统能检测出协同的缓慢攻击。

2）STAT 方法的缺点

①状态声明和信号动作的列表是手工编码的。

②状态声明和信号可能不能充分表达更复杂的渗透情景。

③某个状态评估可能要求推理引擎从目标系统获取额外信息。这个处理会导致系统性能下降。

④系统不能检测出许多常见攻击，因此必须与其他检测器协作使用。

⑥基于该方法的原型系统与其他基于状态转换方法的系统相比效率较低。

（2）有色 Petri 网方法

优化误用检测的另一个基于状态转换的方法是有色 Petri 网方法，由普渡大学研制。这个方法在 IDIOT 系统中实现。

IDIOT 使用一种 CP-Net 的变种来表示和检测入侵模式。在这种模式下，一个入侵被表示为一个 CP-Net。CP-Net 中通过令牌颜色服务来模拟事件上下文。通过审计记录驱动信号匹配，并通过从起始状态到结束状态逐步移动令牌来指示一个入侵或攻击，并且当模式匹配时动作被执行。

这种方法与 STAT 的状态转换方法有显著的不同。首先，在 STAT 中入侵通过作用在系统状态上的效果（也就是入侵的结果）进行检测。在 IDIOT 中，入侵是通过模式匹配构成渗透的特征来进行检测；在 STAT 中是在状态中放置保护，而在 IDIOT 中保护合并在转换处理中。

在 IDIOT 中每一个入侵信号被表示为代表事件和它们上下文关系的一种模式。这种关系模式精确地代表了一次成功的入侵及其企图。入侵模式包括两部分，前面的部分是条件，后面的部分是相关的动作。

这个模式匹配模型有以下特点。

①允许匹配相关的构成入侵信号的各种事件。

②语义学，容纳了几种混杂在同一事件流中的入侵模式的可能性。

③它是非常快的。在一个非优化 IDIOT 的实验中，每小时激烈活动中匹配 100 个入侵模式，检测器需要 135 秒。

④模式匹配引擎是独立于审计格式的，所以它能应用在真 IP 包和其他检测问题中。

⑤特征在跨越审计记录方面是方便的，因此它们能在不同系统中移动。

⑥模式能根据需要进行匹配。

⑦事件的顺序和其他排序约束条件可以直接体现出来。

⑧系统能提供一个进行成功模式匹配的非常详细的规格，也就是说，它能说明检测到入侵的原因。

⑨ IDIOT 提供一个前端的语言，以便对网络图形描述进行编码。

⑩系统允许指定信号匹配时具体执行的动作，因此能够支持自动响应。

IDIOT 具有所有误用检测系统都有的缺陷，即它不能检测出未知的入侵攻击方式。

（3）基于 API 的方法

优化商业误用检测工具的一般策略是设计一种表格的形式来描述入侵方法。这种表格能够被检测引擎所使用。尽管已经有一些专家系统语言（如 P-BEST 和 CLIPS），但它们不是专为入侵检测系统而设计的。有三种方法可以在进行误用检测时表达入侵：RUSSEL 语言、STALKER 系统和 NFR-N 编码。

① RUSSEL 是一个基于规则的语言，其主要设计目的是用来优化结构数据流的处理，尤其用于操作系统的审计记录。RUSSEL 的目标是使用户能跨越多主机关联事件并且支持对事件的多级抽象。在一个对异种网络环境系统优化的误用检测系统 ASAX 中可以使用了 RUSSEL 语言。ASAX 系统的特点是使用审计数据格式，并提供一个支持可适应规则的组件。

在 RUSSEL 语言中把事件行为表示为以下形式：条件—动作。动作能具体到允许入侵检测用户对给定检测概要指定响应的级别。

②用于误用检测目的的另一个描述入侵的方法是使用 STALKER 系统中使用的方法，STALKER 是一个商用误用检测系统。这个方法使用审计数据格式和一个用于攻击特征的基于状态的数据结构。

这个检测器是通过将审计记录传递到误用引擎来运作的。引擎在状态转换表格中维护了一个检测特征集。特征表达式由起始状态、结束状态和每个误用的一个或多个转换功能集的数据结构组成。

这种方法被成功地实现并引入一系列支持各种操作系统和应用环境的商业产品中去。在 1997 年可信信息系统（IIS）公司收购了海斯台克（Haystack）

实验室后，STALKER 产品从市场上退出，但是，这种设计最近已在网络犯罪监视器市场重新出现。

③NFR-N 编码提供了一种基于 N 编程语言的网络监控和分析功能的优化。NFR 是一个网络监控系统，同时也是一些基于网络的商用入侵检测产品的基础。N 编程语言是以字节编码指令操作的解释语言，在一个简单堆栈机器上实现。这种语言包括流控制、过程和 64 位整数计数器数据类型。它定制成支持网络包过滤器的结构。这些包过滤器能识别网络攻击以及其他网络活动。

过滤器以 N 编码的方式进行编写。N 编码能输入网络监控引擎，进行编译并存储编码指令从而优化过滤器性能。其使用一个保存每个当前网络会话状态的表格结构来重组网络包传输。状态保存允许在一个连接或传输流的整个生命期中匹配信号。

潜在的引擎也维护关于网络性能的统计资料，包括关于包到达率和网络错误的实时统计资料。引擎也使用一个统计计算来决定在抛弃一个连接状态信息之前保留多长时间。

在 N 编码包过滤机制中，N 编程语言把一个网络包接收和一个过滤器捆绑在一起。它也支持其他具体事件。过滤器从包中收集信息，通过警告或记录机制导出这些信息。警告机制向一个警告管理系统发送警告消息，而记录机制向一个用于各种类型后端处理的记录器函数发送一个数据结构。N 语言包含在产品中，可以从开发商处获得其源代码。

英国剑桥大学的安德森和哈塔克提出了在发现新攻击的入侵检测系统和在攻击被证实后，允许安全管理者找到攻击证据的系统间进行一个功能的分离。为处理后者的问题，安德森和哈塔克提出使用信息检索（IR）技术。这些技术当前广泛应用于万维网（WWW）的搜索引擎中。

IR 系统使用反向文件作为索引，允许高效地搜寻关键字或关键字组合。这些系统也使用一些特定的算法，并使用贝叶斯推断去帮助提炼搜索。由于这些系统依靠索引，而不是机器学习去发现数据模式，因而有别于数据挖掘。

在成为事实之后，这种方法限制浏览审计信息。研究者构造一个使用 UNIX 系统日志和一个由美国亚利桑那州立大学开发的搜索引擎 Glimpse 的原型。他们使用一个脚本把文件排序成一个比较小的文件集，一个用户一个文件集。进入 Glimpse 搜索，就可以寻找与特定攻击相关序列相匹配的命令行序列。这种处理可以快速、可靠地定位攻击。

这种方法是简单而有力的，并且使用 IR 技术执行检测活动有比较高的效率。Glimpse 搜索使用的索引是紧凑的（约占索引源的 2% ～ 4%），并且可以作为一个有效的数据精简机制而用于审计跟踪。索引的存在也能作为一个安全机制，揭示黑客改变审计信息来隐藏他们的踪迹。由于 Glimpse 搜索和建议的审计数据源是免费的或者包括标准系统包，且这种方法也不昂贵，对许多不能支付其他解决方案的组织来说是一个不错的选择。

（二）异常检测

异常检测需要建立正常用户行为特征轮廓，然后将实际用户行为和这些轮廓相比较，并标识正常的偏离。异常检测的基础是异常行为模式系统误用。轮廓定义成度量集。度量衡量用户特定方面的行为。每一个度量与一个阈值相联系。

异常检测依靠一个假定：用户表现为可预测的，一致的系统使用模式。这个方法也能适应随着时间的流逝在用户行为方面的变化。异常检测的完成仍必须验证（没有人知道任何给定的度量集是否足够完备，并能表示所有的异常行为）。因此，异常检测能否检测出所有感兴趣的情况，并体现出一种对系统的强壮的保护机制，仍需要另外研究。

1. 丹宁的原始模型

多萝西·丹宁（Dorothy Denning）在她 1986 年的论文中，列出了入侵检测的 IDES 模型。她主张在一个系统中包括 4 个统计模型，每一个模型适合于一个特定类型的系统度量。

（1）可操作模型

丹宁的第 1 个检测模型为可操作模型，应用于度量，如在一个特定时间间隔密码失败次数的事件计数器。这个模型把度量和一个阈值比较，当度量超出阈值时触发一个异常。这个模型除了应用在异常检测外同样也适用于误用检测。

（2）平均值标准偏差模型

丹宁的第 2 个检测模型为平均值标准偏差模型，它提出典型的数据平均值标准偏差描述。假定所有的分析器已知系统行为度量是平均值标准偏差，这一点由前两个时刻决定。一个新的行为观察如果落在信任间隔之外将被定义为异常。信任间隔定义为一些参数的平均值标准偏差。丹宁假定这种描述应用到事件计数器、间隔计时器和资源度量。她也提及给这些计算分配权值的能力，以至于最近的数据被赋一个较大的权值。

（3）多变量模型

丹宁的第 3 个检测模型为多变量模型。多变量模型是对平均值标准偏差模型的一个扩展，是基于两个或多个度量来执行的。因此，可以基于这个度量和相关的另一个度量进行异常检测，而不是严格基于一个度量。所以，不用单独基于一次会话的观察长度来检测一个异常，而是基于这次会话长度和使用的CPU 周期数之间的关系进行检测。

（4）马尔科夫处理模型

丹宁模型的第 4 个检测模型为马尔科夫模型。在这个模型中，检测器把审计事件的每个不同类型作为一个状态变量，并且使用一个状态转换矩阵来描述在不同状态间的转换频率。如果一个新观察事件的概率太低，这一点是由状态转换矩阵中以前的状态和值决定的，则被定义为异常。这就允许检测器识别不寻常的命令和事件序列，而不仅是单一事件。这时引入了执行事件流的状态分析概念。

2. 量化分析

最常用的异常检测方法是量化分析，其中，检测规则和属性以数值形式表示。丹宁在她的操作模型中涉及这种度量。这套技术经常假定一些计算，包括从简单的加法到比较复杂的密码学计算。这些技术的结果是误用检测和异常检测统计模型的基础。这部分描述了几个通常的量化分析并提供一个使用这些技术完成数据精简和入侵检测目标的可操作系统的例子。

（1）阈值检测

最常见的量化分析形式是阈值检测，也称触发器检测。在阈值检测中，用户和系统行为根据某种属性计数进行描述，这些计数是有某种许可级别的。一个阈值的典型例子是一个系统允许有限的不成功注册次数。实际上每个早期的入侵检测系统包含一个检测规则，根据这种度量定义一个入侵。

其他阈值包括一种特定类型的网络连接数、企图访问文件次数、访问文件或目录次数和访问网络系统次数。在阈值检测中一个固有的假定是在一个特定时间间隔进行度量。这个间隔在时间上可以是固定的（例如，阈值在每天的特定时间重置为零），或在一个滑动窗口上运行（例如，每过 8 小时进行度量）。

（2）启发式阈值检测

启发式阈值检测建立在简单阈值检测的基础上，它适合于观察层次。这个处理增加了检测的准确性，尤其当在一个非常宽的用户范围或目标环境中执行检测的时候。例如，可以采用有异常的失败注册时才触发一个警告的异常检测规则，而不是在 8 小时期间失败注册数超过 3 次时就触发一个警告的阈值检测规则。“异常”能通过各种公式定义，使人立即想到的是高斯函数，先计算失败注册的平均数，随后将失败注册次数与附加一些标准偏差的平均值进行比较。

（3）基于目标的集成检查

另一个有价值的量化分析度量是基于目标的集成检查。这是对在一个系统客体中一次变化的检查，这个系统客体通常不应发生不可预测的变化。对于一个这样的集成检测，最常用的例子是使用一个消息函数计算可疑系统客体的加密校验和。在校验和被计算出来后将其保存在一个安全的地方（如只读介质），系统定期地重新计算校验和，并和储存的参考值进行比较。如果发现了不同，就发出一个警告。

（4）量化分析和数据精简

在早期入侵检测系统中，量化分析最有意义的一个用途是使用量化度量执行数据精简。数据精简是指从庞大的事件信息中删除过剩或冗余信息的处理。这减少了系统存储负荷并优化了基于事件信息的处理。

NADIR 系统是一个使用量化方法支持有效数据精简的例子，该系统由美国洛斯·阿拉莫斯（Los Alamos）国家实验室的计算和通信分公司开发。NADIR 系统使用数据特征轮廓，把用户活动从审计日志转化成量化的度量向量（它们大部分是线性类型或线性类型和顺序数据的结合）。特征轮廓在时间（每周的总结）和系统（每个系统用户集合的视图）上集成。精简后的数据易于统计，也易于用专家系统来进行检测。

3. 统计度量

第 1 个成功的异常检测系统的例子是基于统计度量的。这些方法包括 IDES、NIDES，还有 Haystack 系统中使用的方法。

（1）IDES 和 NIIDES

IDES 和 NIDES 由斯坦福研究院的研究者开发，是早期最突出的两个入侵检测研究系统。它们都是混合系统，包含误用和异常检测特性，然而这里主要关注统计分析。

在 IDES 和 NIDES 中应用的统计分析技术支持为每个用户和系统主体建立和维护历史统计特征轮廓。这些特征轮廓被定期更新，较老的数据被老化以便于特征轮廓适合反映用户行为在时间上的变化。

系统维护一个由特征轮廓组成的统计知识库。每一个特征轮廓根据一个度量集或度量表示每个用户的正常行为。每天一次，基于当天的用户活动，新的审计数据被加进知识库（通过一个指数退化因子来老化旧向量）。

IDES 是这样计算这些统计结果的：每次产生一个审计记录，产生一个摘要测试统计结果。

（2）Haystack

Haystack 是由美国空军开发的异常检测系统，使用两部分统计异常检测方法。第 1 部分决定一个用户会话与一个已建立的入侵类型的相似程度。这个度量的计算如下。

①系统维护一个用户行为度量向量。

②对每一个入侵类型，系统将每个行为度量与一个权值关联，反映度量与给定入侵类型的相关性。

③对每一个会话，计算用户行为度量向量，并与域向量进行比较。

④注意超出域设置的这些行为度量。

⑤累加超出阈的度量的相关权值。

⑥基于对所有以前会话加权入侵分数分布，采用累加和给会话分配一个可疑系数的方法。

第 2 部分互补统计方法检测用户会话活动与正常用户会话特征轮廓之间的偏差。这个方法查找显著偏离该用户正常历史统计特征轮廓的会话统计结果。

（3）统计分析的力度

统计异常检测分析起初是以伪装成一个合法用户的入侵者为目标。尽管统计分析也可检测采用以前未知脆弱性的入侵者，这种入侵不可能被任何其他方法检测到，但这种说法仍然没有在 IDS 系统的产品使用中得到证实。早期的研究者也假设统计异常检测能揭示有趣的、有时是可疑的，能导致发现安全漏洞的活动。这个说法至少在 NADIR（运行在 Los Alamos 国家实验室）中得到证实，该实验室的开发者曾报告说通过使用 NADIR 获得的一些信息发现了系统和安全处理错误。统计分析的另一个优点是统计系统不像误用检测系统那样需要经常更新和维护，但它依靠几个因素，必须很好地选择度量，充分精细地区分用户行为。也就是说，用户行为的变化必须在相应的度量上产生一个经常的、显著的变化，如果条件满足，不需要对系统进行附带的更改，统计分析可靠地检测到重要行为的概率将是很大的。

（4）统计分析的不足

当然，统计分析系统也有显著的不足。首先，大部分设计用于执行一批模式审计记录处理，没有执行自动响应以防止遭受损害的能力。由于早期系统的设计是从集中的主框架目标平台上监控审计跟踪的，所以这种不足在起初并不是一个问题。尽管以后的系统企图执行审计数据的实时分析，所使用和维护用户特征轮廓知识库的内存和处理负荷造成了系统滞后于审计记录的产生。

此外，还影响统计分析描述的事件范围。统计分析的本质排除了考虑事件间顺序关系的能力。在大多数系统中，事件发生的确切顺序没有以一个属性形式提供。换句话说，这些事件的水平线限制在一个事件。由于许多指示攻击的异常依赖于这样的顺序事件关系，这种情况体现了这种方法的严重局限性。

在使用量化方法（丹宁的可操作模型）的情况下，很难选择合适的阈值和范围值。

统计分析系统的错误警报率高，会导致用户忽视或禁用系统。这些错误警报包括两种类型错误：类型 1（误报）和类型 2（漏报）。

4. 非参统计度量

由于早期的统计方法都使用参数方法描述用户和其他系统实体的行为模式，所以它们是相似的。参数方法是指分析方法假定了被分析数据的基本分布。例如，在 IDES、MIDAS 的早期版本中，用户使用模式的分布假定为高斯分布或正态分布。

当假定不正确时，通过这些假定研究的问题错误率高。当研究者开始搜集系统使用模式，如系统资源使用等属性的信息时，发现分布不是正常的，这些度量导致较高的错误率。

美国杜兰大学提出一种克服这些问题的方法，就是使用非参技术来执行异常检测。这个方法提供用很少的可预测使用模式容纳用户的能力，并允许分析器考虑不容易由参数方案容纳的系统度量。

这种方法涉及非参数据区分技术，尤其是群集分析。在群集分析中，收集了大量的历史数据（一个样本集）并根据一些评估标准（也称特性）组织成群。执行预处理后，与一特定事件流（经常映射成一具体用户）相关的特性被转化成向量表示。群集算法用来把向量分组成行为类，试图使每个类的成员尽可能紧密，而不同类的成员尽可能分离。

非参统计异常检测的前提是根据用户特性把表示用户活动的数据分成两个明显区别的群：一个指示异常活动，另一个指示正常活动。

各种群集算法均可采用。这些算法包括利用简单距离度量一个客体是否属于一个群，以及比较复杂的概念式度量，即根据一个条件集合对客体记分，并用这个分数来决定它是否属于某一个特定群。不同的群集算法通常服务于不同的数据集和分析目标。

杜兰大学的研究者发现用资源利用数字作为评估标准，达到这个目标最好的群集算法是 k 近邻算法。

使用该分析技术的实验结果显示哪种方式构成的群可以可靠地对相似系统

操作分组（如编译或编辑文件），并且也能根据用户分组活动模式。

非参方法的优点还包括执行可靠精简事件数据能力（在源事件数据到向量的转化中），文档中记录的精简效果有两个以上数量级的改进。与参数统计分析相比，其在检测速度和准确性上有较大的提高。其缺点是涉及超出资源使用的扩展特性将会降低分析的效率和准确性。

5. 基于规则的方法

基于规则的异常检测是异常检测的变体之一。这个方法的潜在假定与统计异常检测相关的假定是一样的，主要不同是基于规则的异常检测系统使用规则集来表示和存储使用模式。

（1）Wisdom and Sense

第一个基于规则的异常检测系统是由美国洛斯·阿拉莫斯（Los Alamos）国家实验室和美国橡树岭（Oak Ridge）国家实验室的研究者开发的智慧和理智（W&S）系统。W&S 能在多种系统平台上运行并能在操作系统和应用级描述活动。它提出两种移植规则库的方法：手工输入（反映一个策略陈述）和从历史审计记录中产生。规则是通过执行一个种类检查从历史审计记录中派生出来的，解释根据这些规则找到的模式。规则反映了系统主体和客体过去的行为保存在一个树结构中。在审计记录中具体的数据值被分组成线程类，通过线程类关联操作或规则集合。

一个线程类的例子是“所有记录包含同样的用户文件字段值”。每当一个线程相关的活动发生时，在线程中规则就对数据起作用。当转换处理发生时，它们与匹配线程事件进行比较，决定事件是否匹配活动历史模式或代表一个异常，异常现象就是通过这种方式检测出来的。

（2）TIM

美国数字设备公司（DEC）的研发者提出了 TIM 系统。TIM 使用一个引导方法动态产生定义入侵的规则。TIM 和其他异常检测系统不同的是，TIM 是在事件顺序中查找模式，而不是在单个事件中查找模式。正如丹宁在她的启蒙入侵检测著作中建议的一样，TIM 有效地实现了马尔科夫转换概率模型。

TIM 观察历史事件记录顺序，描述事件特定顺序发生的概率。其他异常检测系统度量单个事件发生是否体现了与正常活动模式的偏差。TIM 集中针对事件发生的顺序，检查一个事件链是否与基于历史事件顺序观察所预期的情况相一致。

例如，设想事件 E1、E2 和 E3 顺序地列在审计跟踪中。TIM 基于它在过去观察的历史顺序描述发生 E1、E2、E3 的概率。当 TIM 分析历史事件数据时自动产生关于事件的顺序规则，然后在一个规则库中保存这些规则。由于 TIM 对事件顺序进行分组，规则库需要的空间比基于定位单个事件的系统（如 W&S）需要的空间显著地减少。

如果一个事件顺序匹配了规则，而下一个事件不在规则实体的预测事件集中，则被认为是异常的。系统通过从规则库中删除预测性很少的规则来提炼它的分析（如果规则 1 比规则 2 成功预测更多事件，那么规则 1 就比规则 2 更具有预测性）。

TIM 与统计度量相比具有显著优点。TIM 非常适合非用户对用户模式的环境，在这种环境下，每个用户在时间上表现出一致的行为。一个大公司可能会有这种环境：不同的用户负责计账、管理和编程，不同的职责很少交叉运作。这种方法没有与行为渐变相关的问题：行为渐变是一个与异常相关的失败策略，攻击者随着时间流逝逐渐改变其行为模式，直到训练系统把入侵行为作为正常行为接受。

TIM 方法也有缺点。它遇到所有与基于学习方法相关的问题，在这方面，方法效率依赖于训练数据的质量。在基于学习的系统中，训练数据必须反映系统用户的正常活动。进一步来说，这种方法产生的规则不可能复杂到足够去反映所有可能的正常用户行为模式。尤其在系统运作的初期，这种弱点产生大量的错误。错误率高是由于如果一个事件不能匹配任何规则（也就是说，系统不能在训练数据集中遇到该事件类型），事件总是触发一个异常。

TIM 方法是 DEC 公司入侵检测产品的基础，也是此后许多异常检测研究的基础。

6. 神经网络

神经网络使用自适应学习技术来描述异常行为。这种非参分析技术运作在历史训练数据集上。历史训练数据集假定不包含任何指示入侵或其他不希望的用户行为。

神经网络由许多称为单元的简单处理元素组成。这些单元通过使用加权的连接相互作用。一个神经网络知识根据单元和它们权值间连接编码成网络机构。实际的学习过程是通过改变权值和建立删除连接进行的。

神经网络处理涉及两个阶段：在第一阶段，一个代表用户行为的历史或其他样本数据集被移入网络；在第二阶段，网络接收事件数据并与历史行为参数比较，确定相似之处和不同之处。

网络通过改变单元状态，改变连接权值，通过建立删除一个连接来指示一个事件异常。通过逐步修正，网络也更改其关于构成一个正常事件的内容的定义。

神经网络方法需要通过大量假定来进行异常检测。由于它们不使用一个固定特性集来定义用户行为，特性选择是不相关的。神经网络对度量的预期统计分布没有做提前假定，因此这种方法与其他非参技术相关的典型统计分析相比保留了一些优点。

在使用神经网络进行入侵检测相关问题中，有一种形成不稳定配置的趋势。在这种配置中，网络由于非明显原因学习某些东西失败。无论怎样，使用神经网络进行入侵检测的主要不足是神经网络不能为它们找到的任何异常提供任何解释。这种情况妨碍了用户获得说明性资料或寻求入侵安全问题根源的能力，这使它很难满足安全管理的需要。尽管一些研究者已提出使用复合方法来解决这些问题，但发表的数据仍然没有说明神经网络方法的可行性。

七、入侵检测系统中的关键技术

入侵检测技术中最重要的是入侵数据的获取，最具挑战性的任务是对入侵对象的识别，即基于入侵证据的分析。网络入侵者千方百计伪装和隐蔽入侵程序，通过建立攻击特征从而得到入侵证据的方法在实践中是可行的。

（一）信息收集

信息收集是入侵检测的第一步，一个文件从网络的一端传向另一端时，被封装成一个个小包（报文）传送。每个小包包括了文件中的一段数据，在到达另一端之后，这些小包再被组装起来。因此，可以通过检测网络中的报文来达到获得信息的目的。

实际应用中网络结构千差万别，用户只有根据具体情况分别设计实施方案，才能让网络入侵检测技术模块得到网络的真实状况。同时，网络入侵检测信息收集到的网络报文数据包越全面，可供分析使用的资源越多，得出的检测结果越可靠。

信息收集的节点可以是在网络中，以得到全面的数据，也可以在受保护的主机上安装主机入侵检测技术模块，专门收集受保护机器上的信息。信息来源主要有以下四个方面。

1. 系统和网络日志文件

充分利用系统和网络日志文件信息是检测技术入侵的必要条件，因为黑客经常在系统日志文件中留下他们的踪迹。日志中包含发生在系统和网络上的不寻常和不期望活动的证据，这些证据可以指出有程序正在入侵或已成功入侵了系统。日志文件中记录了各种行为类型，每种类型又包含不同的信息，如记录“用户活动”类型的日志，就包含登录、用户ID改变、用户对文件的访问、授权和认证信息等内容。很显然，对用户活动来讲，不正常的或不期望的行为就是重复登录失败、登录到不期望的位置以及企图非授权地访问重要文件等。查看日志文件，能够发现成功的入侵或入侵企图，并能很快地启动相应的应急响应程序。

2. 目录和文件中不期望的改变

网络环境中的文件系统包含很多程序和数据文件，特别是包含重要信息的文件和私有数据文件经常是黑客修改或破坏的目标。目录和文件中不期望的改变（如修改、创建和删除等），特别是那些正常情况下限制访问文件的改变，极大可能就是一种入侵产生的指示和信号。黑客经常替换、修改和破坏他们获得访问权的系统上的文件，同时为了隐藏系统中的表现及活动痕迹，他们也会尽力去替换系统程序或修改系统日志文件。基于目录和文件中不期望的改变，在实际中一般不会发生错误判断的行为，但一旦发现改变，说明入侵行为已经成功，因此其具有一定的滞后性。

3. 程序执行中的不期望行为

网络系统上的程序执行一般包括操作系统、网络服务、用户启动的程序和特定目的的应用（如数据库服务器）。每个在系统上执行的程序由一个或多个进程来实现。每个进程执行在具有不同权限的环境中，这种环境控制着进程可访问的系统资源、程序和数据文件等。一个进程的执行行为由它运行时执行的操作来表现，操作执行的方式不同，它利用的系统资源也就不同。一个进程出现了不期望的行为可能表明黑客正在入侵系统，黑客可能会将程序或服务的运行分解，从而导致运行失败，或者以非用户或管理员意图的方式运行，给系统和网络带来极大伤害。

4. 物理形式的入侵信息

物理形式的入侵包括两个方面的内容，即对网络硬件的未授权连接和对物理资源的未授权访问。黑客在试图入侵网络时，首先需要突破网络的防卫。黑客可以通过访问内部网络安装自己的设备（或利用已安装的设备），并利用这些设备访问网络。

例如，入侵者利用用户安装的调制解调器（Modem）拨号，那么这一拨号访问就成了威胁网络安全的后门。黑客就会利用这个后门来访问内部网，从而越过了内部网络原有的防护措施，然后捕获网络流量，进而攻击其他系统，并偷取敏感的私有信息等。对于软件信息的利用也是如此，入侵者一旦取得软件使用权限，就能够通过某种方式控制软件，获取其想要的信息，或者按照黑客的其他意图操作软件。

（二）数据分析

数据分析是指当收集到证据后，用户需要通过与知识库中的安全策略进行比较，进而发现违反规定的安全策略的行为。定义知识库有很多种方式，最普遍的做法是检测搜集到的报文中是否含有攻击特征。知识库给出何种报文是攻击的定义，简单的实现方法是把攻击特征和报文的数据进行字符串比较，发现匹配即报警。这种做法使准确性和工作效率大为降低，因为虽然单个报文长度不大，但基于单个报文的特征识别较为困难。为此，开发人员通过校验和检查，进行 IP 碎片重组或 TCP 重组，实现协议解码等，进一步提高分析的准确性，以提高工作效率。

构建知识库的目的是准确定义入侵行为，这是 IDS 的核心，也是 IDS 和普通的网上行为管理软件的差别所在。收集到的有关系统、网络、数据及用户活动的状态和行为等信息，一般通过三种技术手段进行分析：模式匹配、统计分析和完整性分析。其中前两种方法用于实时的入侵检测技术，而完整性分析则用于事后分析。

①模式匹配。模式匹配就是将收集到的信息与已知的网络入侵和系统误用模式数据库进行比较，从而发现违背安全策略的行为。该过程可以很简单（如通过字符串匹配以寻找一个简单的条目或指令），也可以很复杂（如利用正规的数学表达式来表示安全状态的变化）。一般来讲，一种进攻模式可以用一个过程（如执行一条指令）或一个输出（如获得权限）来表示。该方法的一大优点是只需收集相关的数据集合，显著减少了系统负担，且技术已相当成熟。它与病毒防火墙采用的方法一样，检测技术准确率和效率都相当高。但是，该方法存在的弱点是需要不断升级以对付不断出现的黑客攻击手法，不能检测到从未出现过的黑客攻击手段。

②统计分析。统计分析方法首先给系统对象（如用户、文件、目录和设备

等）创建一个统计描述，统计正常使用时的一些测量属性（如访问次数、操作失败次数和延时等）。测量属性的平均值将被用来与网络、系统的行为进行比较，任何观察值在正常值范围之外时，就认为有入侵发生。

例如，统计分析可能标识一个不正常行为，因为它发现一个在晚八点至早六点不登录的账户却在凌晨两点试图登录。其优点是可检测到未知的入侵和更为复杂的入侵，缺点是误报、漏报率高，且不适应用户正常行为的突然改变。具体的统计分析方法如基于专家系统、基于模型推理和基于神经网络的分析方法，目前正处于研究热点和迅速发展之中。

③完整性分析。完整性分析主要关注某个文件或对象是否被更改，这经常包括文件和目录的内容及属性，它在发现被更改的、被特洛伊化的应用程序方面特别有效。完整性分析利用强有力的加密机制——消息摘要函数（如MD5），能识别微小的变化。其优点是不管模式匹配方法和统计分析方法能否发现入侵，只要是成功的攻击导致了文件或其他对象的任何改变，它都能够发现。缺点是一般以批处理方式实现，不用于实时响应。尽管如此，完整性分析方法还应该是网络安全产品的必要手段之一。

从入侵检测采用的检测理论（技术手段）来说，主要包括异常检测技术和滥用检测技术两类。

1. 异常检测技术

异常检测技术需要预先定义什么是“正常”，构造正常活动集，并从中发现入侵性活动子集。

基于异常的入侵检测技术可以分为有监督的异常检测技术和无监督的异常检测技术。有监督的异常检测技术通过观察得到的正常数据建立正常数据模型，然后检测偏离正常模型的异常数据。一个比较典型的使用这种技术的系统是美国乔治梅森大学的 MADAMID 系统。这种方法能够检测新的攻击类型，缺陷是需要一组完全正常的数据来训练获得模型，如果训练数据中包含攻击数据的话，这些攻击就很难检测到。同时，要获取这些训练数据在实际应用中较难。

目前，入侵检测技术研究的重点转移到了无监督的异常检测技术上。这种技术用一组没有标记的数据作为输入，发现其中存在的攻击数据，即试图从一组不知道什么是正常，什么是异常的数据集中发现那些异常的数据是很困难的。常用的异常检测技术有聚类算法和神经网络方法。

（1）聚类算法

聚类算法是一种无监督的异常检测技术，这种方法可以在未标记的数据上进行，它将相似的数据划分到同一个聚类中，将不相似的数据划分到不同的聚类中，并为这些聚类加以标记表明它们是正常的或是异常的，然后将网络数据划分到各个聚类中，根据聚类的标记来判断网络数据是否异常。

聚类算法涉及很多个领域，包括数据挖掘、统计、机器学习、空间数据库技术，目前研究重点是基于距离的聚类算法。聚类算法是一种无指导的学习，它不需要事先标记好的训练数据。聚类算法的输入是一个包含多个数据的数据集，每个数据通常用一个属性向量（x_1，x_2，…，x_p）来表示，其中 x_i 是一个连续的或离散的变量，代表数据的一个属性的取值。

聚类算法的输出是若干个聚类，每个聚类中至少包含一个数据，而且同一个聚类中的数据具有相似性，不同聚类的数据不具有相似性。为了使用聚类算法，需要计算数据之间的差异，数据间的差异通常用距离来表示，距离计算方法包括欧几里得距离、曼哈顿（Manhattan）距离和闵可夫斯基（Minkowski）距离。

（2）神经网络方法

神经网络是一种旨在模仿人脑结构及其功能的信息处理系统，其运行过程一般分为学习和工作两个阶段。通过对样本的学习训练不断改变网络的连接权值以及拓扑结构，以使网络的输出不断接近期望输出，其目的是从样本数据中提取隐含的知识和规律并存储于网络中供工作阶段使用。

利用神经网络进行入侵检测的基本思想是用一系列信息单元命令训练神经单元，这样在给定一组输入后就可能预测出输出，其中反向传播算法对大量数据的训练能力及其良好的鲁棒性使得它在数据分类和预测方面得到广泛应用，成为基于神经网络的异常检测领域的研究热点。

反向传播算法的基本思想是学习过程由信号的正向传播与误差的反向传播两个过程组成。

正向传播时输入样本从输入层经各层逐层处理后传向输出层，若输出层的实际输出与期望的输出不符，则转入误差的反向传播阶段。误差反向传播是将输出误差以某种形式通过各层向输入层逐层反传，并将误差分摊给各层的所有单元，从而获得各层单元的误差信号，此误差信号可作为修正各单元权值的依据。这种信号正向传播与误差反向传播的各层权值调整过程是周而复始地进行的，权值不断调整的过程也就是网络的学习训练过程。其一直进行到网络输出的误差减少到可接受的程度，或进行到预先设定的学习次数为止。

2. 滥用检测技术

滥用检测的技术基础是分析各种类型的攻击手段，并找出可能的“攻击特征”库。当监测的用户或系统行为与库中的记录相匹配时，系统就认为这种行为是入侵。这种检测方式只能检测到大部分或所有已知的攻击模式，对未知的攻击模式几乎没有作用。

（1）专家系统

基于专家系统的入侵检测技术方法与运用统计方法与神经网络对入侵进行检测技术的方法不同，用专家系统对入侵进行检测，经常是针对有特征的入侵行为。通过一定的规则进行分析，对不同的系统与设置具有不同的规则，且规则之间往往无通用性。专家系统的建立依赖于知识库的完备性，知识库的完备性又取决于审计记录的完备性与实时性。特征入侵的特征抽取与表达，是入侵检测技术专家系统的关键。将有关入侵的知识转化为 if-then 结构（也可以是复合结构），if 部分为入侵特征，then 部分是系统防范措施。

运用专家系统防范有特征入侵行为的有效性完全取决于专家系统知识库的完备性。建立一个完备的知识库对于一个大型网络系统往往是不可能的，且如何根据审计记录中的事件，提取状态行为与语言环境也是较困难的。

由于专家系统的不可移植性与规则的不完备性，且在大型应用中无法实时、连续地审计数据，现已不宜单独用于入侵检测，或单独形成商品软件。较适用的方法是将专家系统与采用软计算方法的入侵检测系统结合在一起，构成一个以已知的入侵规则为基础的，可扩展的动态入侵事件检测技术系统，自适应地进行特征与异常检测，实现高效的入侵检测及其防御。

（2）模式匹配

模式匹配法常常被用于滥用入侵检测技术中，它通过把收集到的信息与网络入侵和系统误用模式数据库中的已知信息进行比较，从而对违背安全策略的行为进行发现。

模式匹配法可以显著地减少系统负担，有较高的检测率和准确率。

模式匹配是指在给定长度为 n 的文本串 T=T[1]T[2]…T[n] 中查找长度为 m 的模式串 P=P[1]P[2]…P[m] 第一次出现的过程。这里 T[i]（$1 \leqslant i \leqslant n$），P[j]（$1 \leqslant j \leqslant m$）$\in \sum$（字符集），若在 T 中能找到 P 的出现，则匹配成功，否则匹配失败。一次只能在文本串中对一个模式串进行匹配的算法，称为单模式匹配算法，可同时对多个模式串进行匹配的算法称为多模式匹配算法。在单模式匹配算法中，一次匹配失败后，T 只后移一个字符，因此算法简单，但效率低。

高效的模式匹配算法都是设法增大不匹配时 T 的后移量。

在网络入侵检测系统中，一个网络数据包的内容可能匹配或部分匹配很多条规则，因此在匹配每条规则时都会重新运行匹配算法，导致效率降低。比如某些规则没有出现的时候，则与这些规则的匹配完全不必进行，但根据前面单模式匹配的思想这些匹配又都必须进行。随着攻击手段的增加，集中的规则必然成倍增加，导致单模式匹配算法效率很难满足未来入侵检测系统的要求。多模式匹配算法只需对文本串扫描一次就可以找出模式串集合中与其匹配的全部模式串，从而大大提高匹配效率。经典的多模式匹配算法有 AC 算法，它是一种基于有穷状态自动机（FSA）的匹配算法。

（3）状态转换分析

状态转换分析将入侵过程看作一个行为序列，即一个连续的、分步骤的并且各个步骤之间有一定的关联的过程，这个过程导致系统从初始状态转入被入侵状态，称为一个渗透过程，一个渗透过程可以看作由攻击者做出的一系列的行为而导致系统从某个初始状态变为最终某一个被危害的状态。分析时首先针对每一种入侵方法确定系统的初始状态和被入侵状态，以及导致状态转换的转换条件，即导致系统进入被入侵状态的整个渗透过程。然后用状态转换图来表示每一个状态和特征事件，这些事件被集成于模型中，所以检测时不需要一个个地查找审计记录。但是，状态转换分析是针对事件序列进行的分析，所以不善于分析过于复杂的事件，而且不能检测与系统状态无关的入侵。

（三）新兴的入侵检测技术

入侵检测技术作为一项新兴的技术，还处于起步阶段，许多研究人员从各个方向入手，发展了一些新的分析方法，对于提高入侵检测技术的正确性、可适应性等起到了一定的推动作用。入侵检测的新兴技术主要集中在以下几个方面：基于计算机免疫的入侵检测技术、基于代理（Agent）的分布式入侵检测技术、基于数据挖掘的入侵检测技术、基于数据融合的入侵检测技术和基于进化计算的入侵检测技术。

1. 基于计算机免疫的入侵检测技术

计算机免疫技术是直接受到生物免疫机制的启发而提出的。作为一项新的技术它已经引起了人们的广泛注意。它作为一种积极主动的安全防护技术，为入侵检测提供了一个思路，即通过正常行为的学习来识别不符合常态的行为序列，在网络系统受到危害之前拦截和响应入侵。因此，入侵检测在计算机安全方面起着非常重要的作用。

1994 年，福里斯特等人提出了计算机免疫系统的概念。他们认为，免疫系统最重要的任务是如何准确识别本体和异体，因而提出了短序列匹配算法。

①假设观察到如下的系统调用序列数据：open—read—mmap—mmap—open—read—mmap。

②使用长度为 k 的时间窗口对系统调用序列进行分割处理，比如 k=3 时，得到以下多个长度为 3 的系统调用短序列。

open—read—mmap

read—mmap—mmap

mmap—mmap—open

mmap—open—read

open—read—mmap

③这些正常调用模式的序列信息按照一定结构被存放到数据库中。

④在特权程序实际运行期间，收集所产生的系统调用序列，同样采用长度为 k 的时间窗口进行划分，对于分割得到的每个短序列，在正常调用模式数据库中进行匹配，从而可以计算出所有不匹配的短序列数目占全部数目的百分比。

⑤设置一个经验检测阈值（如 2%），就可以获得最后的检测结果。福里斯特开展的计算机免疫学在入侵检测中的应用重点在对特权程序本体特征的识别上。当然，在如何确定最优的 k 及检测阈值的界定上，还需要进一步的研究，但其最大意义在于从一个全新的视角来看待计算机安全问题，并提供了成功的初期应用例子，从而为入侵检测技术的发展提供了新的思路和空间。

2. 基于 Agent 的分布式入侵检测技术

基于 Agent 的分布式入侵检测技术通过代理提高了入侵检测的效率和准确率。新一代基于 Agent 的分布式入侵检测技术是移动代理技术，它具有灵活性、移动性、自治性、异步性和代理性，其小程序即移动代理可以在一个大型分布式网络中移动、漫游和执行，这为检测来自网络内部和外部的入侵提供了全新的方法。可以将每一种入侵检测系统分别装载在不同的移动代理中并动态地让代理分布到整个网络上，通过这些代理的移动、交互、协作完成对网络内外入侵的确定和检测。

基于移动 Agent 的分布式入侵检测系统结构由分布在各主机或者各子网的自治 Agent 组成，每一个 Agent 都能根据自身在本地环境中形成的独有的决策规划，对所收集的数据进行分析和决策，并且各 Agent 之间可以相互协作，以做出更全面和更准确的结论。

整个处理流程如下。

①在每个检测节点，基本入侵检测模块通过观察系统日志或者应用日志检测出可疑安全事件。

②基本入侵检测模块，区别不同类型的可疑安全事件，并把事件报告给入侵事件收集模块。

③入侵事件收集模块把得到的各种安全事件传递给预警分析模块。

④预警分析模块根据入侵规则库推断入侵攻击及可能的入侵意图。

⑤移动代理分发模块分派适当的移动代理到特定的节点收集入侵信息。

⑥移动代理从局部共享数据模块得到局部信息，检测特定的数据，移动代理检测的结果直接传递给入侵事件收集模块。

⑦返回到第③步，继续处理流程。由于移动代理可以在主机间灵活迁移，具有一定的自主性和智能性，同时各代理间也可以相互协作，因此可以有效提高整个网络入侵检测的性能。

3. 基于数据挖掘的入侵检测技术

基于数据挖掘的入侵检测技术提出的背景是解决日益增长的数据量与快速分析数据要求之间的矛盾问题，目标是采用各种特定的算法在海量数据中发现有用的可理解的数据模式。

数据挖掘（Data Mining）也称数据库中的知识发现（Knowledge Discovery in Database，KDD）。在 1989 年 8 月举行的第十一届国际联合人工智能学术会议上，KDD 一词首次出现。

数据挖掘是指从大型数据库或数据仓库中提取人们感兴趣的知识，这些知识是隐含的、事先未知的潜在有用信息，提取的知识一般可表示为概念、规则、规律、模式等形式。KDD 技术通常包括以下步骤：理解应用背景—数据准备—数据挖掘—结果解析—使用所发现的知识。

数据挖掘技术在入侵检测中主要包括下列 3 种类型。

①分类算法：将特定的数据项归入预先定义好的某个类别。常用算法有 RIPPER 算法 C4.5 算法等。

②关联分析算法：用于确定数据记录中各个字段之间的联系。常用的算法有 Apriori 算法、AprioriTid 算法等。

③序列分析算法：发掘数据集中存在的序列模式，即不同数据记录间的相关性。常用的算法有 ArpioriAll 算法等。

4. 基于数据融合的入侵检测技术

数据融合是一种多层次、多方面的处理过程，这个过程是对多源数据进行检测、结合、相关、估计和组合以达到精确的状态估计和身份估计，以及完整的、及时的态势评估和威胁评估。数据融合的基本目的就是通过组合，可以比从任何单个输入数据元素获得更多的信息。

随着数据融合和计算机应用技术的发展，根据国内外的研究成果，数据融合比较确切的定义可概括为：充分利用不同时间与空间的多传感器数据资源，采用计算机技术对按时间序列获得的多传感器观测数据，在一定准则下进行分析、综合、支配和使用，获得对被测对象的一致性解释与描述，进而实现相应的决策和估计，使系统获得比它的各组成部分更充分的信息。多传感器系统是数据融合的硬件基础，因此又称为多传感器数据融合技术。多源信息是数据融合的加工对象，协调优化和综合处理是数据融合的核心。

在基于数据融合的入侵检测中，系统的输入可以是从网络传感器处得到的各种网络数据包、系统日志文件、SNMP 信息、用户资料信息、系统消息和操作命令等；系统的输出可以是入侵者的身份估计和位置确定、入侵者的活动信息、危险性信息、攻击的等级和对整个入侵行为危险程度的评估等。

多传感器数据融合技术能够把从多个异质分布式传感器处得到的各种数据和信息综合成一个统一的处理进程，来评估整个网络环境的安全性能，它提供的信息要比没有采用融合技术的系统提供的信息具有更高的质量。

5. 基于进化计算的入侵检测技术

进化计算技术在本质上属于一种模仿某些自然规律的全局优化算法，主要算法包括：遗传算法（GA）、进化规划（EP）、进化策略（ES）和遗传规划（GP）。目前，主要是对遗传算法和遗传规划的应用进行了研究。

（1）遗传算法

遗传算法的基本思想最早由巴格利在 1967 年提出。在一些实验研究中，常利用若干字符串序列来定义用于分析检测的指令组，用以识别正常或者异常行为。这些指令在初始训练阶段不断进化，提高了其分析能力。同时，也有人将遗传算法与神经网络结合，先将其应用于网络的学习、网络的结构设计和网络的分析等方面，最后将其应用到了入侵检测领域。

遗传算法中构成群体的对象个体主要是具有固定长度的字符或者是比特组（用来模拟染色体片段）。与遗传算法不同的是，遗传规划中群体的构成个体通常是可供执行的程序（用来解决特定的问题）。

（2）遗传规划

遗传规划的主要任务是提供能够自动生成可用于解决问题的计算机程序的技术方法。应用遗传规划来解决问题的一般步骤如下。

①生成初始的包含多个计算机程序的群体，其中每个程序个体都包括函数和变量集合的随机组合。

②执行群体中的每个程序个体，然后根据它们解决问题的性能，赋予每个个体一个适应性度量值。

③通过执行遗传算子操作（复制、变异和交叉交换），创建一个新的程序个体群体。

④选择群体中的一个或多个最佳程序个体作为解决问题的方法。

进化计算的研究时间并不长，技术也不够成熟，但是作为一个新兴的研究方向，拓宽了入侵检测技术的研究空间，从而为研究高效而可靠的入侵检测算法提供了思路。

第四章 网络信息处理的环境分析

随着信息化时代的到来，计算机被广泛应用到社会各个领域中的诸多方面，尤其是信息处理方面。在网络环境的影响下，计算机信息处理迎来了新的发展机遇，同时也需要承担一定的压力和问题。本章分为信息处理概述、网络信息处理平台、网络信息处理环境、网络信息处理脚本语言四部分，主要包括信息与信息处理、网络信息处理的功能与优势、网络信息处理工作流程、脚本语言介绍等方面的内容。

第一节 信息处理概述

一、信息与信息处理

对于信息，不同的人有不同的定义。一般认为，信息（Information）是关于客观事实可通信的知识。当原始事实按照具有一定意义的方式组合和安排在一起时，它就成了信息。也就是说，信息是按照一定的规则组织在一起的，对数据进行处理而产生的，并对生产经营活动产生重大影响的数据集合。因此，信息与物质、能源成为人类社会发展的三大支柱。

“信息化”已成为一个国家经济和社会发展的关键环节，信息化水平的高低已成为衡量现代化水平和国力的重要标志。

信息具有事实性（真实性）、时效性（及时性）、不完整性（不完全性）、等级性（层次性）、变换性、价值性（经济性）、冗余性（可压缩性）、共享性（非消耗性）、传递性（扩散性）等性质。

信息处理是指对数据进行处理，使它获得新的结构和形态，或者产生新的数据。比如，网络和计算机系统就是一种信息处理系统，通过对输入数据的处理，可获得不同形态的新的数据。信息处理包括信息的采集和输入、信息的传输、信息的加工、信息的存储和信息的输出等工作。

信息处理的目的是建立信息管理系统。目前，具有实用价值、学习简单、操作方便、成本低廉、最容易实现的信息技术是利用动态服务器网页（ASP）语言来编写 Web 应用程序的网络信息处理技术。

现代社会的特点之一是随着信息量的不断增长，人类面临要处理的信息多到难以应付的程度。网络和计算机作为有效对信息进行采集并加工的工具，用它们来处理信息已成为迎接信息挑战的唯一出路。

二、网络信息处理的功能与优势

目前，信息正朝着以电子形式替代的无形化方向发展，从而使社会的一切活动向着无形化发展，大大缩短了活动的时间和空间，运用基于 Web 的网络信息处理技术就是这种优势的主要体现。从技术手段来看，与传统方法相比，网络信息处理解决了存储介质、查询速度、快速复制和远距离传播与处理等问题。

网络和计算机给人们带来许多有形的和无形的利益，使人们通过各种信息处理技术加工生成新的信息资源，按需提供给各方面、各层次的人共享。人们可以及时且非常容易地取得自己所需要的信息，并进行有效的管理，从而加快信息流通的速度，降低办公成本，更容易实现企业、学校、政府等各组织之间的沟通与合作，使管理的范围从组织内部扩大到外部。

网络信息处理技术能处理网络中的所有信息，包括信息的采集、定制、发布、传输、存储、交流、分类检索等，囊括所有人、财、物等方方面面的企业管理、市场营销、教育、医疗、保障服务等所有商务和政务信息。政府办公人员可以通过网络办公（电子政务），商务人员可以通过网络做生意（电子商务），管理人员可以通过网络进行管理，教师可以通过网络实现师生之间传递教学信息，学生可以通过网络进行协作学习，服务人员可以通过网络提供及时的服务……

（一）网络信息处理的功能

网络所具有的功能都是通过网络信息处理技术来实现的。有人说，网络信息处理的功能只有你想不到的，没有你做不到的，具体表现在以下几个方面。

①信息发布功能。网络信息经过处理后有很强的及时、方便的发布功能，不但能发布文字信息，还可以发布多媒体信息、广告信息，还有一些时效性很强的信息，如天气预报、产品供求等信息，从而使信息传播更加广泛，提高了信息利用率，真正做到“秀才不出门，全知天下事”。

②信息采集功能。网络信息处理技术不但能采集到组织内部信息，还可采

集到外部信息，扩大了信息采集的渠道，使信息采集更具目的性和针对性，使决策更有依据、管理更有成效。网络信息采集的效率指标，如采全率、采准率、及时率、费用率和劳动耗费都比一般的方法和工具要好。信息采集主要依靠留言板、网络调查等技术来实现。

③信息管理功能。其主要用于政府 各部门、企业的事务处理，提高了办公效率，给使用者提供了方便，如人、财、物的管理，报名、租借、预订等工作都可以在网络上进行。

④信息检索功能。其指的是可以在最短的时间内查询到所关心的信息。

⑤信息传输功能。网络的快速传递信息的功能是 Internet 迅速发展和应用的主要原因。信息传输包括用户的下载、上传和邮件形式。

⑥信息交流功能。其是指具有用户之间相互交流的功能。这种交流有实时交流，如聊天室，还有非实时交流，如 BBS、网上答疑等。

⑦信息存储功能。按一定数据结构将信息存放在网络数据库，供查询与检索，供需要者调用，实现数据共享。

⑧综合应用功能。各种大型专业网站实际上就是各种功能的综合应用、各种功能模块的组合。

（二）利用网络处理和管理信息的优势

与传统的信息处理方法相比，利用网络处理和管理信息有以下优势。

①被授权者随时随地都可以进行信息管理和处理工作，不再需要客户端。

②可以在全球范围进行产品、企业、服务的宣传。

③可以方便地与所有用户进行交流，获取他们的反馈信息。

④充分体现 Internet 上的信息及时、快速、多变和灵活的特性，使信息的更新速度加快。

⑤实现信息的资源化、系统化和标准化，以及信息采集的自动化，为信息的进一步挖掘提供了可能。

三、网络信息处理工作流程

网络信息处理系统由客户端浏览器、服务器和数据库三部分组成。

用户在自己的计算机打开浏览器，在地址栏中输入服务器中的 URL（可以是 IP 地址，也可以是域名，还可以是实名），通过 Internet 连接到服务器，服务器会根据用户的不同请求，经过应用程序进行适当的处理后，再通过 Internet

返回到浏览器中进行显示。因此，信息处理工作主要在服务器中进行，信息处理技术主要是编制在服务器运行的应用程序。

用户的所有操作都在浏览器中进行，主要工作有：通过超链接到达自己所需要的页面，查询自己所需要的信息，填写表单向服务器发送请求和有关信息或实现人机对话，取得经过处理后的各种信息。由于浏览器使用相当容易，用户不需培训就能使用网络信息处理系统。

系统管理人员的操作与用户一样，整个管理工作也可在浏览器中进行，只不过给管理员设定更大的访问权限，这样将给整个系统管理工作带来很大方便。

信息处理工作通过存放在服务器端的应用程序进行，如图 4-1 所示。

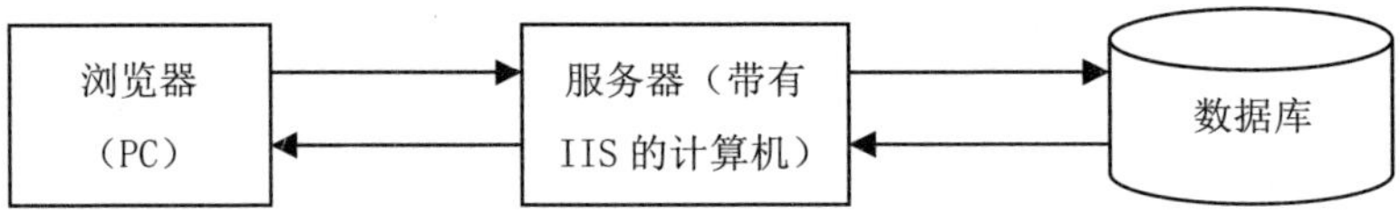

图 4-1　网络信息处理流程图

服务器实际上是一台具有较高性能的计算机。服务器根据用户不同的请求，做出不同的响应。若请求的文档是普通 HTML 文档，服务器直接将该文件传送到客户端；若请求的文档是服务器脚本文件，也就是 ASP 文档，则经过服务器解释后将以 HIML 文件形式发送到客户端。如果使用数据库中的数据，则通过动态数据对象（ADO）组件连接到数据库进行访问。小型数据库可以放在应用程序所在的文件夹中，也就是同一台计算机中。

四、网络信息系统开发模式

自从出现 B/S（浏览器 / 服务器）构架以来，信息处理与管理工作逐步向着网络化发展。B/S 模式的客户端使用一个统一的通用浏览器，代替了企业识别系统（CIS）结构的多种多样的应用软件，所有用户的操作都通过浏览器来进行。与传统 CIS 相比，B/S 构架有以下优势。

①通用性好，操作简单，对客户端硬件要求较低，仅使用浏览器软件就可以访问文本、图像、声音、视频、数据库等信息。B/S 结构系统用户界面简单易用，可以省去对用户的培训费用和时间。

②采用标准的 TCP/IP、HTTP 协议，它能够与遵守这些标准协议的信息管理系统及其网络很好地结合在一起，具有开放性、良好的扩展性和网络适应性

的特点，信息共享度高。内部用户可方便地访问外部资源，外部用户也可访问内部资源。

③用户接口、应用程序和数据三部分相对独立，系统用户端不需要专用的软件，维护和升级简单。由于应用程序都放在Web服务器上，软件的开发、升级、维护只要在服务器端进行就可以，减轻了开发和维护的工作量。

④能够充分利用Internet上的防火墙等各种安全技术，使系统的安全得到保障。

五、Web访问数据库

Web访问数据库是用户利用浏览器作为输入界面，输入必要的数据后，浏览器将这些数据传送到服务器，实现从浏览器到数据库的存取数据，并把结果返回到浏览器。可以说，Web访问数据库是管理信息系统（MIS）发展的一个新动向，它将传统的局域网中的MIS拓展到Internet中来。

当前，通过Web访问数据库成为信息处理最有效的办法之一，只要在网页中加入脚本程序就可实现。Web具有极好的信息发布途径，对后台数据库的支持使网络应用范围更加广泛，通过提供对开放数据库连接（ODBC）的支持，使用结构化查询语言（SQL）实现对当前各种系统数据库的访问、查询和更新等操作。其核心内容就是客户端能够通过浏览器来访问和操作服务器上的数据库内容，使客户端与服务器端交换数据。

由于B/S模式通过Internet通信，可以不受地域限制。数据库信息与Web结合在一起，为在局域网和互联网上共享数据库信息奠定了基础。

与传统访问数据库方式相比，Web访问数据库的优点在于以下几点。

①借用现成的浏览器软件，不需开发数据库前端。如果能够通过Web来访问数据库，就不需要开发客户端程序，使用数据库可以通过浏览器来实现，界面统一，用户可以很方便地访问，减少了使用人员培训费用。

②标准统一，开发简单，简化了一系列复杂的编程，便于推广，减少了开发费用。

③交叉平台支持。几乎在各种操作系统都有现成的浏览器可供使用，可以被所有平台浏览器所浏览，实现跨平台操作。

第二节　网络信息处理平台

网络信息处理主要依靠 WWW 在网站中进行。WWW 是全球规模的信息服务系统，提供了 Internet 上的一种高效的浏览、检索和查找各种信息的方式，并具有基于 Internet 的强大的远程交互功能。通过使用 WWW 客户端程序，用户可访问位于全世界服务器上的文字、图像、声音、动画等各种类型信息。WWW 正在不断改变着人们的通信和生活方式，成为人们在整个世界范围内进行信息传输和信息共享的最理想、最有效的工具。

各种信息的处理都是通过网站中精心设计和制作的 Web 页进行的，因此在进行网络信息处理时，主要是建立网站，制作精心设计的网页。实际上，信息的处理过程除了总体规划、系统分析、系统设计等前期工作以外，主要工作是制作动态网页。目前，由于网络资源相当丰富，不少网站提供源代码和模板，使网页制作变得相当简单、快速和方便。

用户通过网络计算机的浏览器访问网站，请求和发送信息，网站至少有唯一的 IP 地址。IP 地址由 32 位二进制数组成，但书写时用 4 组 0 ～ 255 的数字组成，中间用“.”分隔，如 210.32.177.32。为了便于访问，网站还应该有一个域名，国内域名应该到中国互联网络信息中心（CNNIC）或它承认的代理机构申请注册。

网站作为网页的集合由许多具有不同功能的网页组成。网站应有一个主页，通过标记、图片、热区等链接到不同的页面上，引导读者浏览所需要阅读的各个页面。网站应尽量满足简单实用、页面下载速度快、易于导航和使用、提供搜索引擎和网站地图、联系信息方便多样、易于更新、兼容多种浏览器、无错误链接、良好的容错性能、可扩展性强、安全性好、符合网络伦理等功能和性能的要求。

网页是一个由“超文本标记语言”和“脚本命令”组成的文本文件，主要有 HTML 文件和 ASP 文件，即静态网页和动态网页。由 HTML 文件得到的静态网页可以通过客户端浏览器直接打开，但它的内容不能随条件改变而改变，不能获取用户信息，不能进行数据传递，因而给信息处理带来一定的局限性。由 ASP 文件得到的动态网页先经过了服务器处理，所以其克服了静态网页的缺点。

网页文件与普通文本文件一样，在任何文本编辑器上都可以进行编辑。当浏览器发出网页文件请求时，如果是 HTML 文件，就直接发送，通过 Web 浏览器转换为可浏览的网页；如果是 ASP 文件，则须经服务器处理后动态生成 HTML 内容，然后送到用户的浏览器。

第三节　网络信息处理环境

一、硬件环境

因为 ASP 文件是运行在服务器端的，所以必须有独立的 IP 地址的高档计算机作为服务器才能正常运行。

（一）高档计算机

Web 服务器就是一台计算机，具体地说，要把计算机当作 Web 服务器使用，只要有一台高档计算机和一块高速率的网卡就行了，甚至还可以将某台机器硬盘的一部分空间作为服务器，我们称之为虚拟服务器，也就是说，多个小型网站共用一台服务器。当然，作为服务器的计算机要为众多的网站提供各种网络和信息处理服务，负责对来自客户机的请求做出回答，并负责管理信息、存储信息、找到信息和传递信息，因此要求计算机具有更快的运算速度、更大容量的内存和更高的可靠性。

（二）独立的 IP 地址

IP 地址是 Internet 上用来唯一标识每一台主机的号码。通过访问这个 IP 地址就可以访问你的主机。为了使别人可以更方便地访问本机，还应有一个域名（DNS），由域名命名系统实现 DNS 与 IP 地址之间的一一对应。如果想要更方便地访问，还可以申请实名。

如果是在非对称数字用户线路（ADSL）环境下，互联网服务提供商（ISP）一般不提供独立的 IP 地址。要想把自己的计算机作为服务器使用，必须向“动态域名解析服务提供商”申请一个域名，并安装动态域名解析客户端软件。

二、软件环境

网络信息处理通常采用最常见、最简单的操作系统，其应用软件安装都有向导，学习简单，操作方便。例如：FrontPage 提供可视化编辑环境，可实现自动转换 HTML 代码，给编写和修改程序带来很大方便；Access 可以为信息处理提供功能强大的网络数据库环境。

网络信息服务器（IIS）是微软开发的 Web 服务器，可以建立包括 WWW 和 FTP 在内的信息服务器。运行 IIS 需要处于网络环境中，安装之前要保证已建立了 Internet 或 Intranet 连接，并正确配置了 TCP/IP 属性。安装 IIS 可以在控制面板的“添加 / 删除程序”中进行，选择“添加 / 删除 Windows 组件”，再按照向导进行。域名解析服务（DNS）也同 IIS 一样，需要重新安装。

当然，如果没有上面所提到的软 / 硬件条件，也可以采用服务器托管的方式，由专业人员维护，也可申请存放网页空间的域名，再把做好的网页文件上传。

第四节　网络信息处理脚本语言

一、脚本语言介绍

（一）脚本语言的优势

HTML 超链接技术存在一定的缺陷，那就是它只能提供一种静态的信息资源，缺少动态的客户端与服务器端的交互，限制了浏览器的功能。虽然可以通过通用网关接口（Common Gateway Interface，CGI）实现一定的交互，但由于该方法编程较为复杂，因而在一段时间内妨碍了 Internet 技术的发展。

脚本语言是作为用来控制网页的控件和对象的一种编程语言而出现的。它可以使信息和用户之间不只是一种显示和浏览的关系，而是实现了一种实时的、动态的、可交互的表达形式，从而使基于 CGI 静态的 HTML 页面被可提供动态实时信息，并对客户操作进行反应的 Web 页面所取代。脚本语言正是满足这种需求而产生的语言。

脚本语言是一种非编译语言，直接被浏览器所解释执行。它是一种事件型程序，通过捕捉用户在各种浏览器中的行为来触发特定的程序段。

脚本语言容易使用，在完成小任务方面表现相当出色，如检查表单数据。它在控制浏览器中的事件和访问，以及操作超文本标记语言元素方面的功能也很强大，深受广大用户的喜爱和欢迎。

（二）脚本语言的使用

脚本语言常用的有微软公司的 VBScript 和网景公司的 JavaScript。它们是众多脚本语言中较为优秀的一种，与 WWW 的结合有效地实现了网络计算机信息处理的技术。这两种脚本语言都有各自优缺点：VBScript 有强大的错误控制和格式化功能，但只适用于 IE 浏览器；JavaScript 的动态执行和面向对象的方法是其主要优点。

脚本语言既可作为客户端编程语言，也可作为服务器端编程语言，但一般选择 VBScript 作为服务器端编程语言。在使用脚本语言时，要先在语言设定中加入 runat="server"。

JavaScript 一般作为客户端编程语言来处理。客户端编程语言是由浏览器执行的语言，这样可以减轻服务器的负担，具有运行速度快、应用广泛的优点，特别是在表单提交时用作对用户提交的表单的验证、对选票的合格状况验证等。

在同一页面中可以混用两种脚本语言，但它会增加系统负担，降低系统性能，一般并不提倡，因此在使用前要声明是何种语言。在 IE 浏览器中，VBScript 是默认的 ASP 脚本语言，但 Netscape Navigated 浏览器会忽略 VBScript。声明脚本语言有下列 3 种方法。

①在 IIS 中设置默认的脚本，如未更改设置则为 VBScript。

②在程序的第一段加上 <% @ language=VBScript%>。

③在程序体加入拓展对象声明 <Script language="VBScript">。

脚本语言不是一种独立的语言，不能单独构成程序，需要依附于 HTML 语言。脚本代码写在 <Script> 与 </Scrip> 标签之间，而 <Scrip></Scrip> 标签可以放在 <head></head> 标签之间，也可以放在 <body></body> 标签之间，甚至可以放在 <html></html> 标签之外。

语法中的注解部分是 <!--⋯-->，它可以避免旧版本或是不支持 JavaScript 的 WWW 浏览器因为不识别这些函数而产生错误。它的顺序应该为 <Script> 在先，接着为注解的开头 <!--，然后是内容，注解尾 -->，最后是 </Script>。另外要注意的一点是，注解尾那一行的开头双斜线“//”不可以省略，它代表了 JavaScript 的注解，若省略了的话，之前的字会被误认为是 JavaScript 的指令。

二、VBScript

（一）VBScript 基本语法

① VBScript 不区分大小写。

②服务器端的 VBScript 位于 <% 与 %> 中间，即 <% VBScript 代码 %>。

③程序注释的目的，是使别人和自己读懂，也可以在调试程序时，停止该

被注释的语句的运行，以便找到错误。一种是通过 Rem 语句来注释，关键字 Rem 后的任何文本都不会被 VBScript 解释器处理；另一种是用一个单引号字符（英文半角状态）。当处理脚本程序时，注释内容将被删除，而不被送往浏览器。

（二）VBScript 编程基础

VBScript 实质上是 Visual Basic 的子集，因此 VBScript 也有常量、变量和数组。常量、变量的命名可以使用数字、字母和下划线等字符，但第一个字母必须是英文字母，中间不能有标点和运算符号，长度不能超过 255 个字符。

常量是拥有名字的数值（字符串和数字），主要为了方便程序的编写。

变量是存有一个值的命名了的内存位置，最好在使用以前先定义。

网页存在变量还需要使用 Option Explicit 语句来强制要求所有变量都进行声明。当 Script 代码放在服务器端执行时，这个语句应该放在该网页所有 Script 语句的首行。当 Script 代码放在用户端执行时，这个语句应该放在该网页所有 Script 语句之前。

VBScript 还有各种运算符，包括算术运算符、比较运算符、逻辑运算符和连接运算符。

VBScript 有很多现成的继承 Visual Basic（VB）的函数，主要包括转换函数、输入输出函数、字符串函数、日期和时间函数、数学函数、检验函数等。

VBScript 过程有 Sub 子程序和 Function 函数。

Sub 子程序的语法如下：

```
Sub 子程序名（参数 1，参数 2，…）
……
End Sub
```

三、JavaScript

（一）JavaScript 介绍

JavaScript 是一种新的描述语言，可以被嵌入 HTML 文件之中。通过 JavaScript 可以做到回应使用者的需求事件而不用任何的网络来回传输资料，所以当一位使用者输入一项资料时，它不用经历先传给服务器端（Server）处理，再传回来的过程，而直接可以被客户端（Client）的应用程序处理，可以想象成有一个可执行程序在你的客户端上执行一样。

JavaScript 与 VBScript 有很多地方是相通的，不同的是 JavaScript 脚本中，对象、属性、方法等命名对大小写敏感，即常量、变量、函数、对象以及保留字的大小写是有区别的。因此在引用别人的网页特效小程序时，不要更改字母的大小写。

JavaScript 提供了 4 种基本数据类型来处理数字和文本，通过变量来当作存储信息的容器，而且还可以通过表达式以有效和复杂的方法来处理信息。

JavaScript 和 Java 很类似，但并不完全相同。Java 是一种比 JavaScript 复杂许多的程序语言，而 JavaScript 则是相当容易了解的语言。JavaScript 创作者可以不那么注重程序技巧，所以 Java 的许多特性在 JavaScript 中并不支持。

JScript 不是 JavaScript 的简写，而是微软认可的在 IE 浏览器上运行的一种脚本，实际上是与 JavaScript 有同样的效果。

（二）JavaScript 代码的加入

JavaScript 的脚本包括在 HTML 中，它成为 HTML 文档的一部分。它与 HTML 标识相结合，构成了一个功能强大的 Internet 网上编程语言。

为了便于程序的解释和调用，应将 JavaScript 的脚本放在 HTML 文档头部，对于小的脚本和简单的页面，它可以直接将 JavaScript 脚本加入文档的任意位置。也可将 JavaScript 程序以扩展名“.js”单独存放，再利用格式 <Script Src=JavaScript 文件名 > 嵌入在文件的任何位置。例如，<Script language=JavaScript src=1.js></Script> 表示在此处调用 1.js 文件。

JavaScript 的注释如果是一行可以用“//”，若是多行则应该用“/*…*/”。

在 HTML 中使用 <Script>…</Script> 标记加入 JavaScript 语句，这样 HTML 语句和 JavaScript 语句位于同一个文件中，其格式为

<Script language=JavaScript>…</Script>

（三）使用特效代码

怎样在网页中插入代码？只要把这些代码复制，使用 FrontPage 时，单击编辑窗口左下角的“HTML”选项卡即出现源代码窗口，将特效代码粘贴进去，保存即可，再在浏览器中打开，你就会看到效果了。

也可直接使用“记事本”等编辑器，直接打开网页文件，出现的就是源代码，将特效代码粘贴进去即可。

一般来说，除非特别指明，如要求插入 <head> 与 </head> 之间。在网页源代码的 <body> 与 </body> 之间的任何地方插入代码都可以，在表格的单元格 <td> 与 </td> 之间插入代码，一般不会出错。

在网络中有大量的 JavaScript 特效和 VBScript 特效，如 Cookie 脚本特效、按钮类特效、窗口类特效、导航菜单类特效、技巧类特效、链接类特效、时间类特效、图片类特效、文字类特效等，非常适合网页制作者使用。人们只需简单地复制、粘贴，就可以做出很多漂亮的网页特效来。

四、窗体对象

HTML 不能随用户的不同要求而产生不同的输出，使它只能创建静态网页，有了脚本语言与 HTML 的结合，就能与用户产生互动。系统可以读取窗体中的数据，针对控件所特有的事件，为它编写相应事件的处理程序，从而实现对用户的操作做出不断的反应，使静态页面产生动态的效果。

（一）对象的引用

脚本语言可以看成是面向对象的语言，在 Windows 系统和 VBScript 中有很多封装好的对象，称为控件。每个对象都是事先定义好的，都有自己的属性、方法和事件。

对象是自然界的一类事物。在 VBScript 中，Window、Form、Date、Document 等都属于对象，所有的窗体、文本框、各种按钮、选项都可以看成是对象。

属性是指一类对象的特征，用于描述一个对象。这些属性都会存储某个值，在需要的时候可以调用，不同的对象有不同的属性。

方法说明对象如何去做，是这个对象上某个部分的动作。例如，document. write（“您好”）就是在显示器输出字符串“您好”；又如，alert（“欢迎”）表示在新窗口中显示“欢迎”。

对象可以识别和响应的某些操作行为称为事件。

例如：打开网页的事件 <body onload="alert' 欢迎 '">，则在打开网页时显示“欢迎”；关闭网页的事件 <body unload="alert' 再见 '">，则在关闭网页时显示“再见”。

事件是指一系列对页面进行的动作，用于说明用户与 Web 页交互时产生的操作。事件属性的值一般为 Script 脚本语言的一个函数，函数的功能是执行某一事件。响应某个事件而进行的处理称为事件处理。大多数表单控件和标记本身都提供了多个事件属性，当某个触发机制得到满足时，这个事件就会触发。

最常见表单事件是 onsubmit，用于处理提交表单时所触发的事件。onreset 用于处理用户重置表单这一动作，它们只适用于表单元素。单击 onclick 事件表示当一个对象被按下后所发生的事件，可以分别应用于 Submit、Button、

Reset、Radio、Checkbox 等 5 种对象。

onload 与 unload 用于浏览器载入（关闭）一个窗口或框架时事件发生，适用于 body 与 frameset 元素。

要从窗体中得到对象含有的信息，读取对象的某个属性，就是引用对象的属性和方法。引用该对象的名称（Window 对象可以省略），而在其后加“.”，然后写出要引用的对象和属性。引用对象的属性的语法如下。

window.document. 窗体名称 . 对象名称 . 属性

其中，“窗体名称”是写在 <form> 标记中的 name 属性；“对象名称”则是表单对象中的表单域，如按钮、文本框等；“属性”是该对象的属性值，如文本框中的 value。

（二）Form 对象

窗体本身也是一种对象，也有属性、方法和事件，它又是对象的集合。

Form 方法有两个：submit 和 reset。submit 的功能是提交用户在表单中填写的信息送服务器处理。reset 的功能是清除用户在表单中填写的信息。

Form 事件有两个：onsubmit 和 onreset，同 Form 的方法相同。

（三）表单验证

在需要用户填写表单时，这些表单实际上是要提交到服务器进行处理，如果用户填写的表单内容或格式不符合要求，服务器要做出相应处理。如果所有格式检查都由服务器来执行，就会导致服务器负担过重。为了减轻服务器的负担，在表单提交时，最好先进行浏览器端检查。例如，<form action="register.asp"method="POST"onsubmit="return checkvalue（theform）；">，在提交表单到服务器前先执行函数 checkvalue（theform），格式符合要求才会将其提交给服务器处理。

第五章　网络信息存取与系统开发

信息技术推动社会发展，网络的广泛应用带动了信息存储和传播方式的变更。在网络环境下，为推动资源的免费利用，国外开展了开放存取运动，这是传统出版方式和信息获取方式的变革，促进了科研工作的大力发展。在开放存取中，资源形式多种多样，资源的利用非常便利，交流十分便捷。本章分为网络信息存取和信息系统开发两部分，主要包括开放存取、数字信息资源、开放存取资源、开放存取期刊、开放教育资源、信息系统开发方法等方面的内容。

第一节　网络信息存取

一、开放存取

（一）开放存取术语的由来

有学者认为，开放存取（Open Access）这一术语是 2002 年美国开放社会研究所（Open Society Institute，OSI）在布达佩斯由一批教师、图书馆员和出版商提出和定义的，用来描述读者不必是某一订购单位的成员或付费者即可在线找到和完整阅读那些研究论文。

经核实,《布达佩斯开放存取倡议》于 2001 年 12 月 12 日签署，可见，"Open Access"这一术语至少在此时已出现，而不是在 2002 年才提出的。通过进一步进行文献检索发现，早在 1991 年 6 月，美国总统办公室发布的关于《全球变化研究数据管理政策》的声明就指出：数据应以尽可能低的成本向全球变化研究人员提供，确保其完全和开放存取，其使用的术语便是"Open Access"。据此推断，至少在 1991 年 7 月，"Open Access"这一术语已在美国官方文件中出现。而《布达佩斯开放存取倡议》只是使这一术语更广为人知。

开放存取领域的著名专家彼得·萨伯（Peter Suber）认为，2002 年《布达佩斯开放存取倡议》推广了“Open Access”这个术语，该术语从 2005 年开始扩展到学术界之外，不止限于原本使用的本义，已经被其他行业所借用，比如电力电网与有线电视的互操作、WiFi 热点，甚至医生预约的时间表编排的新方法中都用到“Open Access”这一术语。越来越多的文章讨论和推荐开放存取，越来越多的讨论和推荐开放存取的文章本身也是可以开放存取的。

（二）开放存取的不同称谓

用于表达“开放存取”含义最广的英文表述是 Open Access。

我国曾有学者根据全国科学技术名词审定委员会出版的《科学技术名词审定的原则及方法》，认为较适宜的译文是“开放访问”。现在，对 Open Access 的翻译多样，如开放存取、开放获取、公开获取、公共获取、开放使用等，相较而言，用“开放存取”更多一些。与“开放存取”有关的术语还有以下几种。

①包括美国图书馆协会在内的 10 个图书馆协会及组织发表声明支持使用“免费存取”（Free Access）术语。

②《布达佩斯开放存取倡议》在使用“开放存取”的同时，也使用了“免费在线存取”“读者不支付费用在线存取”这两个术语。

③美国夏威夷大学信息和计算机科学系的彼得·贾索（Peter Jacso）在 2006 年国际图书馆协会与机构联合会（IFLA，通常简称为国际图联）大会亚太分部关于开放存取的开放分会场指出，“开放存取”（Open Access）比“免费存取”（Free Access）更好，因为它意味着来自任何地方的任何人在任何时间可不付费获得很好的结构化的数字资源（或其中的一部分）。

笔者倾向于使用“开放存取”，因为它包括作者个人、所在机构或出版社的“存储”和用户的“获取”。而且，教育部和国家社科基金 2005 年以来资助的 10 余个项目均使用该术语，如国家社科基金项目“开放存取与图书馆的未来发展”、教育部人文社会科学研究青年基金项目“基于概念格的高校图书馆开放存取资源知识服务体系构建研究”和国家自科科学基金项目“开放存取数字期刊学术质量评价与控制研究”等。目前，中国大陆学者用该术语的居多。

（三）开放存取的定义

目前，国际上比较权威的关于“开放存取”的定义有以下 8 种。

1. 联合国教科文组织的定义

目前可见的最权威、最新的定义来自联合国教科文组织（UNESCO）。其 2012 年 4 月 6 日出版的《发展与促进开放存取的政策指南》认为，开放存取（Open

Access）是向所有人提供经同行评审的、学术和研究信息的免费存取。它要求权利持有人向全世界范围授予不可撤销的存取的权利，以便以合法的行动复制、分发、传输和产生任何形式的衍生作品，而给予原作者以适当的归属。

2.《布达佩斯开放存取倡议》的定义

《布达佩斯开放存取倡议》首次给出了开放存取的完整定义，并指出了开放存取的两种实现途径：自我存档和开放存取期刊。

BOAI给出的定义：对于某文献，存在多种不同级别和种类的、范围更广的、更容易操作的获取方法。对某文献的“开放存取”，意味着它在互联网公共领域里可以被免费获取，并允许任何用户阅读、下载、复制、传递、打印、检索该文献，或实现其全文链接、为之建立索引、用作软件的输入数据或其他任何合法用途。用户在使用该文献时不受经济法律或技术的限制，而只需在存取时保持文献的完整性，对其复制和传递的唯一限制，或者说版权的唯一作用是使作者有权控制其作品的完整性，及作品被正确接受和引用。

3.《巴斯达开放存取出版声明》的定义

《巴斯达开放存取出版声明》（通常简称为《巴斯达声明》）发表于2003年7月。该声明提出，开放存取出版物（Open Access Publication）必须满足两个条件：一是文献作者或著作权人授权世界范围内的所有用户免费、无条件地获取他们的文献，允许用户为合理目的而以任何数字媒体形式公开地复制、利用、传播和演示这些文献，并创作和传播基于这些文献的新作品，用户可作为个人使用打印出少量复本；二是作品的完整版本、所有附件和上述授权声明要以一种标准电子格式存储在至少一个网络数据库中，这些数据库由某些研究机构、学术团体、政府部门或其他知名组织采用适当的技术标准建立和维护，以确保作品的开放访问、自由传播、统一检索和长期保存。

4.《柏林宣言》的定义

2003年10月22日，德国、法国、意大利等国的科研机构根据《布达佩斯开放存取倡议》和《巴斯达声明》的精神，起草了《对科学与人文学科知识开放存取的柏林宣言》（通常简称为《柏林宣言》），意在将互联网作为全球科学知识的基地和人类思考的重要设施，提供给研究政策制定者、研究机构、资金代理商、图书馆、档案馆和博物馆需要考虑的各种措施。

《柏林宣言》对开放存取做出了与《巴斯达声明》相似的定义，指出开放存取必须满足两个方面的条件。

第一，作者和版权所有人承诺：所有用户具有免费、不被更改、全球和永久使用其作品的权利，在承认作者身份的条件下，为了合理的目的，许可所有用户使用任何数字媒介形态，公开复制、使用、发行、传播和展示其作品，制作和发行其衍生作品，并允许所有用户打印少量份数以供个人使用。

第二，完整版本的作品及其附属资料，包括上面提到的许可承诺，以适当的标准电子格式在原始论文发表后，立即存储在至少一个以恰当的技术标准建立的在线数据库中。这个数据库是由研究所、学术团体、政府机构或其他组织支持的，而这些组织结构都力求使开放式访问、无限制的传播、互用性和长期存档成为可能。

《柏林宣言》鼓励科研人员与学者在开放存取的原则下公开其研究成果；鼓励文化机构通过在互联网上提供他们所拥有的资源来支持开放存取；用发展的手段和方法来评估开放存取对促进科研的贡献。

由于《布达佩斯开放存取倡议》《巴斯达开放存取出版声明》和《柏林宣言》是开放存取领域十分有影响的文件，且其英文名称均以 B 开头，内容上又彼此互补，故上述定义通常被统称为“BBB”定义。

5. 国际图联的定义

国际图联（IFLA）采纳了《英国惠康信托基金会支持开放存取出版的立场声明》中关于开放存取的定义，认为符合下列两个条件者为开放存取出版物：其一，著者及著作所有权人授权所有的使用者免费、永久、全球的存取权利，只要标注著者及著作所有权人的姓名，就同意使用者复制、使用、传播、表演、展示其作品，为了研究目的而以任何数字媒体改编和传播改编后的作品，制作少量复本供个人使用；其二，作品出版后，应立即存储在至少一个由学术机构、学会组织、政府机关等单位支撑的在线典藏，作品的全文，包括附件及前述的授权声明，以标准的电子格式，以便无限制地开放存取、不受限制地传播、互操作和长期开放存档。IFLA 认为，开放存取的对象是个别作品，不以期刊或出版社为对象。

6. 美国研究图书馆协会的定义

2004 年 5 月，美国研究图书馆协会（ARL）学术交流办公室发布的《形成开放存取问题的框架》指出，开放存取是指创作而不期望直接得到经济利益的作品，并在公共互联网上不收任何费用，提供给以教学与研究为目的的读者使用。

7.《开放存取萨尔瓦多宣言：发展中国家的观点》的定义

《开放存取萨尔瓦多宣言：发展中国家的观点》于 2005 年 9 月 21—25 日

举行的“发展中国家开放存取国际研讨会”签署，它指出，开放存取意味着没有限制地获取和利用科技信息。在一个日益全球化的世界中，科学是没有国界的，对信息获取的任何排斥都是不可接受的。重要的是，信息获取应被视为普遍的权利，而与地区无关。开放存取必须促进发展中国家积极参与全世界的科技信息交流，包括免费获取科技知识遗产，有效参与知识创造和传播过程，更多地支持与发展中国家直接相关的领域。

8.《开放存取期刊名录》对开放存取期刊的定义

瑞典隆德大学图书馆制作的《开放存取期刊名录》认为，开放存取期刊是采取不向读者或其所在机构收取存取费用的期刊。而且进一步指出，根据《布达佩斯开放存取倡议》的定义，读者有对这些期刊论文的全文进行阅读、下载、复制、传递、打印、检索和链接的权利。

尽管上述定义的表述有别，但其核心思想是一致的，即数字信息在互联网公共领域里可以被人们免费获取，并允许任何用户阅读、下载、复制、传递、打印、检索等合理利用，以保证数字信息的自由传播、开放利用和长期保存。

关于开放存取，还有许多观点。例如，有的学者认为，开放存取是指电子学术论文在使用端可免费获得。

（四）开放存取的不同程度

①完全的开放存取。本节所述的国际权威的 UNESCO 和 BBB 关于开放存取的定义，均主张对所有用户免费。

②不完全的开放存取。著名的开放存取专家彼得·萨伯指出，不完全的开放存取指方向正确但还没有达到目标、妥协或退缩，只能算部分开放存取，值得鼓励，并宜给予更进一步的支持，期望早点达到开放存取的目标。从另一个角度说，他们力图用不太充分的资源满足用户需求，因此耽误了开放存取的进程。许多采取这些步骤的期刊正在进行实验，随着时间的推移，他们可采取进一步措施以达到完全的开放存取。

二、数字信息资源

数字信息资源是指所有以电子数据的形式把文字、图像、声音、动画等多种形式的信息，存储在光、磁等非纸介质的载体中，并通过网络、计算机或终端等方式再现出来的资源。

三、开放存取资源

（一）开放存取资源的称谓

用于表示开放存取资源含义的术语很多，如“开放存取资源”“开放存取信息资源”“开放存取文献”“开放存取出版物”“开放存取信息”“开放存取收藏”“开放存取资料”“可公共利用的资源”“免费存取的数字资源”“可开放利用的资源”“创作共用资源”等。

笔者更倾向于“开放存取资源”，因其更简洁，且美国研究图书馆协会（ARL）等本领域重要的机构和加州数字图书馆等著名的项目均用此术语。

（二）开放存取资源的含义

狭义的开放存取资源主要指通过开放存取的实现途径发布的信息资源，即开放存取期刊、学科库、机构库和个人网站（博客）中收录的资源。

关于开放存取资源的定义，有不同的观点，这些观点的不同源于对开放存取程度的不同理解。有的认为，是以可付得起的价格获得的资源，如 2004 年 1 月 7 日加州大学学术评议委员会主席劳伦斯和加州大学 11 个校区的图书馆馆长写给全校教师的公开信指出：加州大学系统的图书馆正在积极努力，支持新型的学术资料出版模式（指开放存取模式），以使优质的同行评审著作以可付得起的价格获得。

笔者持最彻底的开放存取态度，赞同广义的开放存取资源的观点，认为开放存取资源是指任何用户均可免费在线获取全文的所有数字化学术信息资源。本书所指的数字信息资源的开放存取主要针对数字化学术信息资源。其理由如下。

“可付得起”是一个相对的概念。关于开放存取的国际权威的 UNESCO 和 BBB 定义均主张对所有用户免费；《英国惠康信托基金会支持开放存取出版的立场声明》和 IFLA“开放存取出版物的定义”也都持此观点；开放存取运动的积极推动者彼得·萨伯认为，开放存取的文献是数字的、在线的免费文献，免除绝大部分著作权或授权的限制；著名的开放存取项目——科学公共图书馆（PLoS）承诺：你可以任何自己希望的方式对他们所有的出版物进行免费在线阅读、下载、复制、传播和有权限地使用；著名的开放存取期刊名录——DOAJ 收录的期刊除了满足学术期刊的标准外，还持坚决的态度，认为所有的内容均可自由使用，免费登录是可以接受的，没有限制时间，出版当时即供自由使用；澳大利亚的中央昆士兰大学图书馆等多所图书馆采用《布达佩斯开放存取倡议》的定义。开放存取资源定义有5个主要因素：任何用户可免费存取，除了上网，使用者不需支付任何费用，即在使用端免费；在线存取；这些资源存在于公共的互联网上；可开放存取的是学术研究成果或出版物；可免费获得全文。

（三）开放存取资源的范围

根据本节开放存取资源的定义与要素，开放存取资源的范围很广。笔者认为，主要包括三大类：期刊论文等已出版的科研成果、科学数据和开放教育资源。

联合国教科文组织（UNESCO）明确指出，其知识社会部（KSD）工作的许多项目之一是促进对科学信息与研究成果的开放存取，UNESCO与开放存取的其他相关领域有：免费与开源软件（FOSS）、数字文化遗产的保存、开放教育资源（OER）、全民信息计划项目（IFAP）以及信息社会世界峰会（WSIS）。可见，UNESCO促进开放存取的有：研究出版物、科学数据和开放教育资源。

欧洲研究委员会（ERC）的科学委员会强制要求开放存取的是电子研究中心资助的研究人员的所有的主要研究数据和研究论文，可见，其外延也包括科学数据。

IFLA认为，开放存取的目标是对以研究论文、专著、数据和相关资料形式出现的科学知识提供免费存取与再利用。对研究成果、教育资源和研究数据的开放存取现在是一个全球性的运动，许多组织正在努力实现这一目标。

英国联合信息系统委员会（JISC）2010年发布的报告认为，开放存取指对同行评审研究文献的即时、免费使用，根据定义，它适用于期刊文章和同行评审的会议论文，但在实践中，它延伸到图书的章节、专著和研究数据。

澳大利亚学者哈维认为，开放存取资源的范围有：研究出版物、研究数据和教育内容。

除了OA期刊、个人主页（博客）、机构库与学科库外，开放存取资源应该包含任何网络用户都可使用的各种形式的免费学术资源，包括书目、图书（含正式出版的工具书、普通图书、教材、会议论文集等）、期刊论文（包括正式发表的论文的后印本、非正式出版的论文的预印本）、学位论文、会议论文、工作论文、技术报告、各种原始数据和元数据、教学参考资料（含课件）、照片、图表、地图等。

开放存取信息资源有许多体裁，除了最普遍的收录期刊论文和会议报告的文本数据库外，还包括开放存取的数字专著词典、百科全书、名录数据库、数值数据库、视频数据库、图像数据库和音频数据库，其中，文本数据库又包括书目数据库、索引数据库、索引与文摘数据库、全文数据库。

可见，随着开放存取的不断推进，开放存取资源的范围将逐步扩大，扩展到其他信息资源，包括：学位论文、研究报告、教学参考资料、课件、科学数据、图书、视频等。

四、开放存取期刊

著名的《开放存取期刊名录》认为，开放存取期刊是采取不向读者或其所在机构收取存取费用的期刊。而且进一步指出，根据《布达佩斯开放存取倡议》的定义，读者有权对这些期刊论文的全文进行阅读、下载、复制、传递、打印、检索和链接。

五、开放教育资源

根据联合国教科文组织的定义，开放教育资源是指公共领域的或者给出开放许可的任何类型的教育资料。开放教育资源的性质决定了任何人都可以合法、自由地复制、使用、改编和再分享教育资料，其类型包括教科书、课程、教学大纲、讲义、作业、测试、音频、视频和动画等。

六、开放数据

英国开放知识基金会将开放数据定义为，任何人基于任何目的都可以使用、修改和分享的数据和内容。2012 年英国发布的开放数据战略性文件《开放数据白皮书：释放潜能》，将满足以下标准的数据称为开放数据：可以以不超过复制成本的代价来获取（最好通过网络），且没有身份和目的的限制；以一种数字化的、机器可读的方式存在，且能够与其他数据实现互操作；在其许可条件下不受使用和重新分配的限制。

七、开放存取出版

开放存取出版，国内还有学者将其译为“开放式出版”，是一种区别于传统出版模式的新型出版模式。国内许多学者将开放存取与开放存取出版看作同一事物，即开放存取出版就是开放存取。例如，李武、刘兹恒认为开放存取是一种学术信息共享的自由理念和出版机制，在这种出版模式(开放存取出版)下，学术成果可以无障碍地传播，任何研究人员可以在任何地点和任何时间不受经济状况的影响，平等免费地获取和使用学术成果。

第二节　信息系统开发

一、信息系统开发方法

要开发网络信息管理系统，必须有正确的指导思想并采用科学的方法，选择一种恰当的、有效的、实用的、适合自身特点的软件开发方法，以达到系统预期的目标。

凡是在开发过程中使用的思想、技术和手段都应该属于信息系统开发方法。目前所采用的开发方法中，最常见的有结构化生命周期法、原型法、面向对象法和计算机辅助软件工程法。但各种方法不是孤立的，用户往往需要综合应用各种方法。在基于 Web 的信息系统开发中，普遍采用生命周期法与原型法相结合的开发方法，即利用原型法的基本思想和生命周期法中的结构化方法。

(一)结构化方法

结构化方法运用系统的观点，系统划分采用自顶向下分解的方法，系统开发采用自底向上实现的方法。系统本身可以划分为若干个相对独立的部分，称为子系统。子系统还可以进一步划分为若干模块，模块划分自上至下，逐层分解，最后成为相对独立、功能单一的模块组成的结构。这些模块大小适当、功能明确，具有一定的独立性且容易实现。而系统开发与实现是自底向上的，然后组装，集成为一个完整的系统，这样开发出来的系统便于维护和功能扩充。

结构化方法运用模块结构来组织系统，在设计过程中重视系统的结构，它强调组成系统的模块、数据、功能结构及它们之间的接口，使系统在灵活性和可变性方面得到体现。

结构化系统设计具有以下特点。

①相对独立、功能单一的子系统、模块结构。由于子系统、模块之间相对独立，每一个模块都可以单独地被理解、编写、测试、纠错和修改，从而有效地防止错误在模块之间扩散、蔓延，提高了系统的质量(可维护性、可靠性等)，同时系统研制工作也大大简化。

②模块的独立性。做到内聚强、耦合弱，即模块内联系紧密，模块间联系松散。

③采用模块结构图的描述方式。模块结构图不仅描述了系统的分层模块结构，清楚地表示了每个模块的功能，而且直观地反映了块内联系和块间联系等特性。

（二）原型法

原型法是在了解用户需求的基础上，先从局部开始设计实现，形成一个初步的雏形，然后不断地修改、完善，在多次的循环往复中最终达到系统目标。

将原型法应用于 Web 信息系统的开发中相当普遍，因为网络上提供了大量实用程序的源代码，实际上为我们提供了大量的免费原型供我们开发使用，通过不断完善和扩充其功能，可以节省大量的用于开发的精力和时间。

用原型法进行开发，主要有以下开发步骤。

①可行性分析。确定系统的目标和规模是否能实现，系统方案在经济上、技术上的操作是否可以接受。

②需求分析。确定系统必须完成哪些工作，也就是对目标系统提出完整、准确、清晰、具体的要求。在用户和设计人员的共同协作下，分析用户最基本的需求，写出简单的分析文档。需求分析对基于 Web 信息系统的开发主要是对功能的描述和对模块的划分。

③选择原型。在网络上搜索基于 Web 的信息系统并下载，验证测试是否能正常运行。

④修改原型。根据用户需求，对原型进行修改，使原型成为满足用户需要的可执行系统。

⑤使用原型。通过试用，用户对原型进行评价，制定新的需求报告。

⑥用户评价。设计人员根据使用情况提出修改和扩充方案，建立扩充了的原型。

⑦修改和扩充原型。设计人员与用户反复对原型进行修改、扩充与评价，直到用户满意为止。

⑧进一步完善原型，建立最终的基于 Web 的信息系统。

二、开发信息系统的主要工作

（一）可行性研究

可行性研究明确信息系统开发的必要性和可能性。必要性来自实现开发任务的迫切性，而可行性则取决于信息系统的资源和条件，这项工作需要建立在初步调查的基础上。

可行性分析包括管理上、技术上和经济上的可行性。从目前计算机和网络迅速发展的现状来看，建立网站进行信息处理在技术上基本成熟，开发与管理维护费用也相当低，其关键是管理上的可行性，也就是中高层管理人员的态度。如果领导和管理人员对信息系统的需求很不迫切，或者条件尚不具备，就是不可行。

可行性研究的最终成果是可行性报告，包括信息系统的开发背景，根据新系统设定的目标提出一种或几种建议方案，对建议方案进行可行性分析和做出效益估计，最后给出分析结论。

（二）系统分析

系统分析的基本任务是准确地定义信息系统的目标，回答系统必须“做什么”的问题，主要有目标分析，通过业务分析建立逻辑模型，功能分析和划分子系统，以及数据分析等工作。

1. 目标分析

目标指系统开发完成后想要达到的境地和标准。目标所设定的标准应该是可度量的，应符合当前管理业务的需求并有一定的超前度。目标设定的依据应决定于本单位或机构的环境和业务活动对系统功能的需求。

2. 通过业务分析建立逻辑模型

业务分析应从单位或机构的一切工作和活动着手，了解组织机构，进行管理业务流程调查，包括各环节的处理业务、信息来源、处理方法、计算方法、信息流经去向、提供信息的时间和形态等。

用数据流图（DFD）可以描述组织内部的信息流程。数据流图主要由外部实体、数据流向、数据处理和数据存储组成。

3. 功能分析和划分子系统

功能就是完成某项工作的能力，可以将其看成目标的子系统，每个子系统又有更具体的功能。

把系统划分为子系统可以大大简化设计工作，因为划分子系统后，只要它们的接口关系明确，每一个子系统的设计、调试基本上可以互不干扰地、各自相对独立地进行，便于分阶段实现，而且修改和扩充子系统相当方便，不会影响其他子系统。

4. 数据分析

数据分析是为数据库设计阶段做好准备工作，包括数据属性，数据存储，数据查询和数据的输入、输出分析。

数据属性用来描述事物某方面的特征的，包括属性的名和相应的值，要分析数据的类型、长度和取值范围，以及动态特性。数据存储分析是在调查清楚用户希望从信息系统得到哪些有用信息，然后通过综合抽象，用适当的工具（如E-R 图）进行描述。数据查询分析考虑用户需要查询的所有问题。数据的输入、输出分析主要分析各种数据输入的目的和适用范围、数据量大小以及存在的问题。

（三）总体设计

系统的总体设计是指在系统调查与分析基础上，对整个系统在结构上的划分，对软 / 硬件的配置和确定子系统与模块的处理流程。

系统划分方法可以按业务处理的功能、业务处理的顺序、业务处理的性质和业务处理的时间关系等来划分，要遵循多层次的模块化、结构化原则，高聚合、低耦合原则，适应系统扩充和便于系统分阶段实现原则。系统划分的最终结果反映为一张分层的树型结构图。

软 / 硬件的配置在网络处理信息系统中最为简单，只需要网络服务器建立动态网站所需的配置。此方案的主要优点：在技术上的先进性和成熟性；方案的可靠性、可维护性及系统的恢复能力；方案的高效率、低成本及对环境无特殊要求等。

子系统与模块的处理流程可按照数据流程图进行，主要为了开发时明确子系统或功能模块中信息的流动、转换、存储和处理等情况，以便进一步明确模块物理设计及日后模块实现的工作任务和工作要点，从而把系统的总体设计思想落实到每个子系统和模块之中。

（四）详细设计

1. 身份验证的设计

要进入系统，首先要进行身份验证，不同层次的人员在使用信息系统时应该有不同的权限。通过身份验证，进入不同的模块。各模块功能如下。

①管理员：对各模块的工作进行全程控制，包括设置学生评教和院系评教开始与结束，查询、打印评教结果，保存、处理学生对教师教学意见，并及时反馈给院（系）领导及相关教师。

②教务员：代表院系，对院系评教结果进行输入。

③学生：输入评教信息，查询任课教师的评教结果，以便选课；随时可输入对教师教学的意见；如没有提交合格的评教结果，不能进入选课模块。

④校领导：查询全校教师的评教结果信息。

⑤院系领导：查询全院（系）教师的评教结果信息及平时学生对本院（系）教师教学的意见。

⑥教师：查询评教结果信息及平时学生对自己教学的意见。

2. 数据存储设计

数据存储设计包括数据表、表的结构和连接数据库的方式。

一般说来，信息系统的每个功能模块最好有一个数据库，每个数据库有若干个表。例如，信息发布模块应该有管理员信息和新闻内容信息两个表。

表的结构设计应对字段名称、字段类型和主键三个方面进行设计。数据库设计完成以后，还应做好初始化数据工作，清除原有数据记录，把数据信息输入或导入数据表中。

连接数据库的方式应考虑是否用数据源连接，并完成公用的连接文件。

3. 输入设计

输入设计主要实现人机对话，用户与信息系统管理者对话。在网络信息系统中输入设计最为简单，不用专门设计，只要插入表单就能完成，并能用脚本语言实现在浏览器中对表单的验证。

4. 输出设计

输出设计应该包括确定输出的内容、选择输出方式和进行具体输出格式的设计。由于网络信息系统能基本实现在浏览器中自动输出和打印，使输出设计变得相当简单。

（五）网络信息系统的测试

信息系统在实施以前要对系统进行测试。软件测试的任务主要是预防软件发生错误，发现并改正程序错误和提供错误诊断信息。测试是为了发现程序中的错误而执行程序的过程；网络信息系统的测试是为了及时地发现系统中存在的问题，完善系统。好的测试方案是尽可能地发现过去没有发现的错误，成功的测试是能发现过去没有发现的错误。

测试方法可以分为以下几种：单个文件测试；由多个文件组成，完成某一功能的模块测试；系统集成测试。对于网络信息系统的测试，实际上就是对站点的测试，一般采取动态测试的方法，将个人计算机作为 Web 服务器，在完成站点设计和网页文件后进行自我测试。上机测试这种方法是使程序有控制地进行，并从多种角度观察程序运行时的行为，以发现其中的错误。

软件测试主要完成以下任务。

①检查结果与设计方案是否一致。

②在多个浏览器中进行检测，不同的浏览器效果是否一致。

③验证链接是否正常。

④评估下载速度是否能被用户所接受。

（六）网络信息系统的实施

网络信息系统的实施就是把设计好的动态网站正式投入运行，即网站的发布。如果服务器的软 / 硬件满足要求，只要在 IIS 中将设计好的程序文件夹新建一个虚拟目录，对该目录进行权限设置（如果是采用数据源连接的，要设置好数据源），信息系统就可投入运行。

系统转换有直接转换、并行转换和试点过渡等三种方法，可以根据信息系统的可靠性采取其中一种。

（七）网络信息系统的管理和维护

网络信息系统的管理和维护的主要工作是对 Web 网站的维护，只有保证信息系统的正常运行和可持续发展，才能使信息系统具有持久的生命力。

维护有校正性维护、适应性维护、完善性维护和预防性维护四种。对于网络信息系统，系统的维护主要有以下工作。

1. 文件管理

最好在根目录下设置子目录，将各种不同功能、类型的文件分别存放，一般有以下规则：Image 存放图片文件；Multimedia 存放多媒体文件；Common 存放供调用的公用文件；Temp 存放原始资料。

2. 更新网页和数据库内容

保证页面内容的时效性。系统经过一段时间的运行以后，一些内容不再能准确反映最新信息，需要对网页和数据库的内容不断更新。导航也要及时反映、跟踪网页的内容。

3. 验证链接

链接目标的位置、名称发生变化时，都将导致链接的失败。在对站点进行维护过程中，要打开“工具”菜单，执行其中的“重新计算超链接”命令，即可对当前站点的链接状态进行验证，它的结果将会反映在站点的“报表”视图内。

4. 发现问题

要及时发现链接中断、孤立文件的产生、交互功能无法实现、数据库无法查询等问题。

5. 响应回复

及时响应并回复浏览者的访问留言和反馈信息，加强与浏览者的沟通。

6. 建立运行文件

建立和保留一系列与信息系统实现有关的文档。

三、信息安全知识

信息安全是为防止别人破坏你的信息系统、窃取你的机密而采用的设备、技术、措施和手段的集合。敏感的信息包含在网络中，为保证这些信息不被破坏和盗窃，在网络信息处理中应被重视。一旦信息丢失，后果将不堪设想，Web 网站的信息安全技术就显得相当重要。

网络上常用的安全技术主要有加密技术、反病毒技术和防火墙技术。但为了信息处理的安全，一般用通过合法用户的身份验证和站点文件的安全保障两种方法去解决。合法用户的身份验证通过网站的入口注册与登录模块来解决，网站文件的安全保障则通过文件访问权限，如用数据库加密的方法来解决。

（一）网络站点的安全保证

信息处理是在网站上进行的。要保证信息的安全，使其在没有危险、不受威胁、不出事故的环境中运行，还要防止和控制非法、有害的信息传播，避免在公用网络系统中大量自由传输数据的失控。一个小型的个人网站如果没有重要的信息担心泄露的话，ASP 为信息安全提供了一定的保障，采用 Windows+IIS 的默认安全策略就可以实现对安全性的要求。

网络站点的安全保证不但要靠先进的技术，而且要靠严格的安全管理、法律约束和安全教育。管理和使用人员在提高安全意识的同时，还要提供安全技术保证。网络站点的安全技术保证是为了保护本系统的所有信息资源，最有效的方法是把攻击者拒之门外，即不让它进入网络站点。

在网络站点的计算机系统中，安全保证在于对外界用户的存取控制，它包括三个任务：授权（确定可给予哪些用户存取的权力）、确定存取权限（一个读写、执行、删除、添加等存取方式的组合）、实施存取权限。

①用户浏览器所在计算机 IP 地址检查。IIS 中设置允许访问的 IP 地址，如果访问来自受限的 IP 地址，则访问的要求将被拒绝。

②用户身份验证，一般通过注册和登录模块来实现。如果用户在登录页面中选择用户名并输入正确的密码，系统首先将其权限级别存入会话（Session）变量，然后调用该类用户的功能列表页面，否则显示报错信息。

③在 IIS 中指定访问 Web 权限。其包括对文件的读写权限和对应用程序的执行权限，它们是对所有用户同时发生作用的。

④相应的 Web 文件和文件夹的 NTFS 许可权限。它们是针对各个用户账号的。

（二）数据库安全

数据库安全措施主要是为其设置密码，其作用相当于为数据库大门安装一把锁。

为数据库设置密码步骤如下。

①关闭当前数据库。

②选择菜单“文件”→“打开”。

③在“打开”对话框中选中要加密的数据库名称。

④单击“打开”按钮右侧的下三角按钮，显示出 4 种打开指定数据库方式的菜单，选择“以独占方式打开”。

⑤选择菜单“工具”→“安全”→“设置数据库密码”，在“设置数据库密码”对话框中输入要设置的密码。

撤销密码的方法与步骤①～④相同，只是在步骤⑤中把“设置数据库密码”更改为“撤销数据库密码”就行。

注意：

①密码对字母大小写敏感。

②密码与数据库一起保存，如果将数据库移动和复制到新的位置，密码也

随之移动和复制。

③如果忘记密码，就不能重新打开该数据库了。

如果数据库经过加密，则连接数据库的文件也要修改。

（三）客户机浏览器安全

1. 拒绝 Cookie

Cookie 俗称小甜饼，它是 Web 服务器发送到计算机里的数据文件，记录了用户名、口令和用户的兴趣取向等。Cookie 在给用户访问站点时提供方便的同时，又可能造成安全隐患，特别是有些始终存储在硬盘中的用户相关信息。

屏蔽 Cookie 的方法：在浏览器 IE 中，选择“工具”→“Internet 选项”，在“Internet 选项”对话框中先选择“常规”选项卡，删除 Cookies，再选中“安全”选项卡，单击“自定义级别”，在“安全设置”对话框中选择 Cookies“禁用”或“提示”。

2. 屏蔽 ActiveX 控件

ActiveX 控件与 Cookie 一样，也可能会对网络信息安全带来威胁。屏蔽 ActiveX 控件的方法与拒绝 Cookie 的方法基本相同。

3. 定期清除缓存、历史记录以及临时文件夹中的内容

浏览器中的缓存、历史记录以及临时文件夹中的内容保留了许多个人上网信息资料的记录，应该定期清除，以免留下后患。

清除的方法与删除 Cookies 在同一选项卡中进行。

4. 禁止向客户端输出详细错误信息

在文件出错的情况下，如果显示出错文件位置和数据库信息，就会带来不安全因素。因此，要通过 IIS 设置，在“默认网站”对话框中选择“自定义错误”选项卡，把应用程序自定义错误的属性设置为默认值。

（四）公用文件和数据库文件的安全

尽量避免用 .inc 作为公用文件和数据库文件的扩展名，可以把它的扩展名更改为 .asp。因为 .asp 文件的源代码不容易被下载，所以为了保护 .inc 文件和数据库文件的安全，可以将其扩展名更改。

不要把数据库文件放在网站结构内部。当恶意人员获取数据库路径后，就可轻易获取该数据库信息，进而更改数据库内容。最好将数据库文件放在网站虚拟目录之外。

四、访问者身份验证——注册与登录模块

通过注册与登录，数据库实现对用户个人资料的收集和管理。虽然用户提交的资料不一定真实，但还是有一定用处的。数据库可以对用户填写的各种信息进行一定的合法性检验，以免过多的无效注册访问服务器，浪费服务器资源。

（一）功能需求分析与流程

登录系统是进入网站的门户，几乎所有的网站都有这个功能，也是进行网络信息处理必备的基本模块。不同的身份利用信息资源有不同的权限，要做到既要有严格的准入制度，又要方便、很快地进入。要让用户养成注册和登录的良好习惯，或者说从经济效益来考虑，没有取得进入网站密码的用户就不能访问网站。

所有登录过程都是基本相同的，即从客户端取得提交的用户名和密码，然后到数据库中核对。如果该信息在数据库中存在，则登录成功，否则拒之门外或重新登录。登录模块的最主要功能应该说是用户名和密码的验证功能。

设定密码的方式可以根据需求有多种方式，如某单位内部使用统一的密码、管理员专用密码、注册时自己设定的密码等。

注册应在登录前面，只有先注册，取得用户名和密码，才能登录，登录以后才能实现对用户个人资料的收集。

（二）统一密码的模块设计

统一密码的登录系统用于单位、学校、企业等内部网站，只要是内部人员，都可不用注册，用统一密码直接登录进入。该模块由一个登录表单和一个验证系统组成。

（三）简单用户注册与登录系统模块

为了网站的安全，一般网站都要求用户先注册，再登录，未经注册不得进入网站。密码可以由用户自己设定，注册相当简单。

复杂用户注册与登录系统模块要求用户提供较为详细的个人信息，并同意有关协议条款才能注册。以盈利为目的的网站使用这种系统较多，密码由网站随机提供，一般由 E-mail 发送给用户，这种形式结构有些复杂。

最简单的注册系统由一个存放个人 ID 与密码的数据库（mydb.mdb）、登录页面（login.asp）、注册页面（register.asp）以及提交注册数据到数据库的文件（adduser.asp）和登录时核对数据库的用户名和密码的文件（checklogin.asp）组成。

1. 数据库

数据库 mydb.mdb 的结构相当简单，只有一个数据表 user，数据表中仅有两个字段：用户名（username）和密码（password），数据类型都是文本。

2. 登录页面

登录页面（login.asp）由以下几部分组成。

（1）函数 button1_onclick0

该函数放在头部，当单击“注册”按钮时调用此函数，其作用是链接到注册页面（register.asp），即单击 name=button1 的按钮时会链接到文件 register.asp。

（2）提供注册或登录用表单

单击“用户登录”按钮，则提交表单，把填写好的表单信息发送到文件 checklogin.asp 去核对用户名和密码。单击“用户注册”按钮，先执行模块 button1_onclick0，然后打开 register.asp 文件，进行注册。

3. 注册页面

注册页面（register.asp）与登录页面（login.asp）相似，只不过有一个用“提交”按钮送 adduser.asp 文件处理，没有函数 button1_onclick0 的定义和执行过程。

4. 注册信息加入数据库文件

文件 adduser. asp 把用户注册信息送到数据库保存。先定义变量，接收表单传过来的值，建立数据库连接，执行插入操作，最后显示操作结果。

5. 登录时核对数据库文件

checklogin.asp 文件先定义变量，接受表单传过来的值，建立数据库链接，执行查询操作，与变量比较，判断对比结果；如果相同，则转入网站的页面，否则重新登录。

第六章　云计算环境下的网络安全

“云计算”具有成本低廉、部署灵活、可靠性较高等优势，因而得到越来越广泛的应用。然而由于多台虚拟机共享同样的物理服务器，与传统计算环境相比，“云计算”存在更多的诸如数据泄露与丢失、拒绝服务攻击、账户劫持等网络安全问题。本章主要分为国内外云计算安全研究现状、云计算面临的安全问题、云计算安全技术解决方案三部分，主要包括云计算用户身份认证面临的安全问题、云计算网络层面临的安全问题、确保云平台的安全等方面的内容。

第一节　国内外云计算安全研究现状

随着计算机软件和硬件技术的高速发展，新的计算模式也相继出现，继分布式计算、并行计算、效用计算等概念的发展，近两年计算机界又提出了一种新的计算模式——云计算。云计算是个新兴的名词。目前对它的定义和内涵还没有公认的界定。云计算有众多的定义，其中一种定义为，云计算是一种由规模经济驱动的大规模分布式计算模式，通过这种计算模式，实现抽象的、虚拟的、可动态扩展的、可管理的计算、存储、平台和服务等汇聚成资源池，再由互联网按需提供给外部用户。云计算将网络中的计算资源整合起来形成超大规模的资源池，以各种形式按需提供给用户，它既是一个学术概念又是一个商业概念。

云计算将计算放在了云中，也将人们的日常生活与“云”紧密联系在一起。因为云计算从一开始定位的服务对象就是所有用户，可以是个人，也可以是商业性质的企业或组织。在远程的数据中心里，成千上万台电脑和服务器连接成一片电脑云。因此，云计算甚至可以让用户体验每秒万亿次的运算能力。拥有这么强大的计算能力，可以模拟核爆炸、气候变化预测和市场发展趋势。用户可通过台式电脑、笔记本电脑、手机、掌上电脑（PDA）等智能终端接入数据中心，按自己的需求进行运算。云计算提供了较可靠的数据存储中心，用户不用再担心数据丢失、病毒入侵等麻烦。它对客户端的设备要求很低，使用起来比较方便。它可以轻松实现不同设备间数据与应用的共享，为我们使用网络提供了几乎无限多的可能。

云计算是一种全新的计算模型，它将互联的大规模计算资源进行有效的整合，并把计算资源以服务的形式提供给用户。用户可以随时按需求访问虚拟的计算机和存储系统，而不需要考虑复杂的底层实现与管理，大大降低了用户的实现难度与硬件投资。而且，通过服务整合和资源虚拟，云计算有效地将实际物理资源与虚拟服务分离，提升了资源的利用率，减小了服务代价，并有效地解决了单个资源出错的问题。

云计算的出现可以降低用户电脑的成本，让用户体验更高的性能和无限的存储容量。利用云计算，用户不必担心机器上创建的文档是否与其他用户的应用程序或操作系统兼容。当每个人都在云中共享数据或应用程序时，格式不兼容的问题将不复存在。由于云计算拥有高可用性、易扩展性和服务代价小等优点，因此其获得了广大 IT 企业用户的青睐。但是云计算的概念在近几年受到广泛的关注，但相关技术仍不够成熟，还没有得到广泛的应用。

尽管很多研究机构认为云计算提供了最可靠、最安全的数据存储中心，但安全问题仍是云计算存在的主要问题之一。从表面上看，云计算好像是安全的，但仔细分析，云计算系统对外部来讲其实是不透明的。云计算的服务提供商并没有为用户提供许多细节的具体说明，如其所在地、员工情况、所采用的技术以及运作方式等。当计算服务是由一系列的服务商来提供（即计算服务可能被依次外包）时，每一家接受外包的服务商基本上是以不可见的方式为上一家服务商提供计算处理或数据存储的服务，这样，每家服务商使用的技术其实是不可控的，甚至有可能某家服务商会以用户未知的方式越权访问用户数据。

虽然每一家云计算方案提供商都强调使用加密技术来保护用户数据，但即使数据经过加密，也仅仅是指数据在网络上是加密传输的，数据在处理和存储时的保护问题仍然没有解决。尤其是在进行数据存储的时候，由于这时数据通常已解密，如何保护的问题就很难解决。

目前，关于云计算安全系统的研究不多。谷歌公司、亚马逊公司等云计算发起者也不断曝出各种安全事故。例如：2009 年 3 月谷歌公司发生大批用户文件外泄事件；2009 年 2 月和 7 月，亚马逊的“简单存储服务”（Simple Storage Service，S3）两次中断导致依赖网络单一存储服务的网站瘫痪。

云计算在欧美等国家已经得到政府的大力支持和推广，云计算安全和风险问题也得到各国政府的广泛关注。2010 年 3 月，参加欧洲议会讨论的欧洲各国网络法律专家及领导人呼吁制定一个关于数据保护的全球协议，来解决云计算的数据安全弱点。欧洲网络和信息安全局（ENISA）也表示，将推动管理部门要求云计算提供商通知客户有关安全攻击状况。2010 年 11 月，美国政府首席信息官（CIO）发布关于政府机构采用云计算的政府文件，阐述了云计算带来的挑战以及针对云计算安全的防护。日本政府启动了官民合作项目，组织信息技术企业与有关部门对于云计算的实际应用开展安全性测试，以提高日本使用云计算的安全水平，向中小企业普及云计算，确保企业和个人数据的安全。在中国，2010 年 5 月，时任工业和信息化部副部长娄勤俭在第二届中国云计算大会上表示，我国应加强云计算信息安全研究，解决共性技术问题，保证云计算产业健康、可持续的发展。

国外已经有越来越多的标准组织开始着手制定云计算及安全标准，以求增强互操作性和安全性，减少重复投资或重新发明。此外，专门成立的组织如计算安全联盟也在云计算安全标准化方面取得了一定的进展。

云安全联盟（CSA）是在 2009 年的 RSA 大会上宣布成立的一个非营利性组织。自成立以来，CSA 迅速获得了业界的广泛认可，其企业成员涵盖了国际领先的电信运营商、IT 和网络设备厂商、网络安全厂商、云计算提供商等。目前，云计算安全联盟已完成《云计算面临的严重威胁》《云控制矩阵》《关键领域的云计算安全指南》等研究报告，并发布了云计算安全定义。这些报告从技术、操作、数据等多方面来强调云计算安全的重要性、保证安全性应当考虑的问题以及相应的解决方案，对形成云计算安全行业规范具有重要的影响。

在 IT 产业界，各类云计算安全产品与方案不断地涌现。例如，太阳（Sun）公司发布开源的云计算安全工具可为亚马逊公司的 EC2、S3 以及虚拟私有云平台提供安全的保护。微软公司为云计算平台 Azure 设计的代号为 Sydney 的安全计划，帮助企业用户在服务器和 Azure 云之间交换数据，来解决虚拟化、多租户环境中的安全性问题。英特尔（Intel）、威睿（Vmware）等公司联合宣布的一个“可信云体系架构”的合作项目，提出了一个概念证明系统。开源云计算平台海杜普(Hadoop)也推出了安全的版本，它引入 Kerberos 安全认证技术，对共享商业敏感数据的用户加以认证与访问控制，阻止非法用户对 Hadoop 非授权的访问。

第二节　云计算面临的安全问题

一、云计算用户身份认证面临的安全问题

云计算服务提供商为云计算用户提供了多种资源的共享和使用，不同的用户登录云计算系统之后，就能够访问到相应的云计算服务。由于不同用户的运行环境是不一样的，为了保证用户信息的安全性，云计算服务提供商在向用户提供资源服务时，必须考虑到用户身份认证的问题。如果云计算服务提供商的身份认证系统不够完善、存在安全漏洞，或者安全强度不高，用户信息就很容易被不法分子窃取和篡改，进而对云计算中的服务资源进行攻击、破坏，最终影响整个云计算的安全性。保证云计算用户的身份合法性是网络必须首要解决的问题，它作为整个网络安全性的第一道关口，也是整个网络安全性的基础。

一般而言，对用户的身份进行认证有三种方法：依据用户知道的信息来验证身份；依据用户拥有的东西来验证身份；依据用户具有的信息来验证身份。

目前，云服务提供商大多采用了多种安全鉴别方式来保障用户身份的合法性和用户信息的安全性。虽然如此，用户身份认证在云计算环境中仍面临着巨大的挑战，用户和云服务提供商的信任边界在云中变成动态的，黑客仍有机会获取用户信息并对云计算网络造成安全威胁。常用的用户身份认证技术有以下几种。

第一，静态密码。其主要运用的是依据用户知道的信息来验证身份的方法。用户申请云服务时，可以自行设定自己的登录密码。虽然此身份认证机制相对简便易行，但是由于此密码数据是静态的，在数据库中和在网络传输中都有可能被截取，所以安全性并不高。

第二，USB Key。其主要运用的是依据用户拥有的东西来验证身份的方法。它采用的是软硬件相结合的方式，以一种 USB 接口的硬件设备，内置芯片，用于存储用户的密钥或其他的认证信息。主要利用内置芯片中的算法对用户进行身份认证。这个 USB 设备需要随身携带。

第三，生物识别。其主要运用的是依据用户具有的信息来验证身份的方法。它是通过对用户的身体或行为进行测量的一种技术，主要包括指纹识别、人脸识别、语音识别、签名识别等。虽然此种用户身份认证方式安全性较高，但是需要额外的一些设备，成本较高。

二、云计算网络层面临的安全问题

针对公共云服务，面对不同的安全要求，就需要改变相应的网络拓扑，同时确保云服务提供商的网络拓扑能与改变后的网络拓扑正确通信。面对此种情况，我们需要考虑以下几种安全风险。

第一，要确保公共云服务中传输的数据信息是安全的、保密的、完整的。

第二，要确保公共云服务提供的资源具有合理的访问控制。

第三，要确保公共云服务提供的是可用的云端资源。

第四，用域代替存在的网络区域。

接着我们详细分析这些安全风险。

（一）数据信息的安全性、保密性和完整性

由于云计算的开放性，本来很多数据信息只存在私有的网络上，现在都出现在云服务提供的共享网络上面。基于此，云计算服务就很有可能出现安全漏洞，包括算法漏洞、数据库漏洞等。

（二）资源的访问控制

由于云计算使得网络上的资源具有共享性，越来越多的资源数据出现在网络上面，想要保障每个数据的安全性是很困难的，即使出现安全事故之后，去寻找出现问题的原因和数据也是不太可能的，想要根据获取的不多网络层的数据信息进行全面的审计也是困难重重的。

（三）云端资源的可用性

现代社会，人们越来越依赖于网络，所以网络的安全性也是人们关注的焦点。目前，为了保障公共云服务提供的是可用的云端资源，越来越多的资源数据和网络人员都交给了外部设备进行托管。

（四）用域代替网络区域

随着互联网技术的发展，人们往往依赖域对网络安全进行构建，所以云计算中，在平台即服务（PaaS）层、软件即服务（SaaS）层中，已不存在网络区域。域的设定机制是，要访问特定的区域需要访问人员具有相应的访问权限，在层与层之间设置了安全隔离。在基于域分割的云计算模型中，逻辑隔离只存在于寻址过程中，物理隔离不再存在。

三、云计算主机层面临的安全问题

目前尽管还没有发现特意针对云计算主机产生的攻击，但是像虚拟机逃逸、系统设置问题、管理程序问题等一系列虚拟化方面的攻击威胁已出现在云计算网络中。由于云计算网络连接着大量的计算机主机，而且这些主机都安装着一样的操作系统，所以在分析云计算主机层面临的问题的时候，要把 SaaS、PaaS、基础设施即服务（IaaS）和私有云、公共云、混合云结合起来考虑。由于云计算具有的很强的弹性，一旦出现安全问题，在云计算中这些安全风险就会被很快地传播开来。

（一）SaaS 和 PaaS 的主机安全

由于云计算连接的计算机主机架构、主机的操作系统和确保主机安全的机制一般都不会公开，黑客也无法从这些切入点对云计算进行入侵攻击。对用户来说，在 SaaS 层和 PaaS 层面上的主机概念显得很模糊。虚拟技术的使用，使得 SaaS 层和 PaaS 层给用户提供的服务都是通过主机抽象实现的，在 SaaS 层，这种抽象对用户不可见，只对云计算服务提供商的操作管理人员和开发者可见。在 PaaS 层，用户可以通过 PaaS 层对应的应用程序接口（API）访问主机抽象层，并与主机抽象层通信。云计算服务提供商具有保障主机安全的责任，必须确保主机的安全，为此需要建立正确的防御检测方式，实时分享相关信息。

（二）IaaS 的主机安全

由于如今几乎所有的 IaaS 都是通过在主机层使用虚拟化实现的，且 IaaS 主要保障着云计算主机的安全，与 SaaS、PaaS 不同，IaaS 的主机安全可分为虚拟化软件安全、管理程序的安全、虚拟服务器的安全。

1. 虚拟化软件安全

用户是无法看到位于硬件之间的虚拟化技术软件的，它由云计算服务提供商管理着。虚拟化技术的主要作用是让用户之间的硬件资源得到共享，用户可以在一台电脑上运行多个操作系统平台和应用程序。虚拟化是云计算中非常重要的技术，任何对虚拟化和虚拟化软件进行的攻击都会给云计算和云计算用户造成很严重的后果。虽然市面上存在一些开放源代码的虚拟化软件，但是绝大部分的、主流的虚拟化软件并没有公开，一旦虚拟化软件被攻击，信息安全团队由于无法得到云计算服务提供商使用的虚拟化软件源代码，也就很难进行安全事故的检测和排查。

2. 管理程序的安全

一个不够健壮的管理程序，会把云计算租户的个人信息泄露给云计算管理人员，这样的程序也很容易遭受到入侵者的攻击，一旦攻击者获取了用户的个人信息，后果不堪设想。所以，一个好的管理程序需要具有健壮性、完整性、可用性，这也是建立在虚拟化技术上的云计算的安全保障。保证在多用户环境下，各用户虚拟机相互隔离、管理程序虚拟化是最基本的要素，所以需要保证管理程序不被黑客等入侵者访问。云计算服务提供商针对此类问题，应该建立完整的安全控制体系，以保障管理程序的安全。

3. 虚拟服务器的安全

在 IaaS 层，用户可以根据已有技术，配置虚拟化服务器供自己使用。然而这种简化的配置方式，很可能带来安全风险问题。由于配置过程过于简单，因此就可能创建不安全的虚拟化服务器，加上用户在管理虚拟化服务器的时候，并没有按照正确、合适的管理流程进行管理，使得虚拟化服务器的动态生命周期变得没有规律。任何人都可以通过网络接触虚拟化服务器，虚拟化服务器的安全风险会很高，所以限制或者延缓用户对虚拟化服务器的访问是一个相对可行的方法。目前，大多数云计算服务提供商建议用户使用安全外壳协议（SSH）来管理和维护虚拟化服务器上的实例，提供了 22 号端口，其余端口都相继关闭了。

在 IaaS 平台，针对主机出现了一些新的攻击方式。

①窃取用于访问和管理主机的密钥。

②攻击未实时更新、安装补丁的服务漏洞，对一些端口进行监听。

③窃取或篡改安全性较弱的用户信息。

④攻击没有安装主机防火墙的系统。

⑤向虚拟机或操作系统中植入攻击木马。

四、云计算应用程序面临的安全问题

作为整个安全方面的关键部分，解决应用层的安全问题对整个云计算安全起着重要的作用，但是目前还没有比较完整可行的应用安全方案。为保障应用层面的安全，我们需要先对应用安全程序进行评估。由于应用程序包含的范围很广，在此只讨论网络应用程序。

用户一般都是通过浏览器去获取云计算服务的，包括使用云计算环境中的网络应用程序，所以浏览器的安全问题对整个网络应用程序也很重要。用户登录云计算服务，获取网络应用程序的使用权，从输入信息到使用应用程序中的各个步骤都可能存在安全风险。由于网络应用程序容易遭到黑客的攻击，一般的做法是利用基于主机和基于网络的安全访问控制结合边界的安全控制，来保护网络应用程序的安全。这些重要的网络应用程序应该建立在私有云或企业内部网络中，这样能得到高度的控制、管理以及防护。而那些部署在公共云中的网络应用程序则会面对更高的安全风险，其被入侵者攻击的概率就相对较高。

（一）SaaS 应用程序安全

在 SaaS 层，用户使用的网络应用程序一般都由云计算服务提供商管理着，所以云计算服务提供商应该保障网络应用程序的安全运行。一般的用户会根据云计算服务提供商给出的关于网络应用程序安全的各种参数，对程序进行安全性验证。用户需要加倍关注 SaaS 的身份认证和访问控制，因为这是唯一可用的管理信息风险的安全控制。一些 SaaS 平台用户可以通过身份认证和访问控制去给其他用户分配一些权限。但是，权限管理功能有一定的弱点，就是和云计算访问控制标准有可能不一致。

对于像强身份认证、权限管理等云计算的访问控制机制，云计算用户们应该试图去了解，这样才能采用必要的方法和步骤去保护云计算中用户信息的安全。为了保障网络应用程序不会遭受来自内部的安全威胁，云计算服务提供商应该设置额外的控制对 SaaS 管理工具的特权访问进行管理，并实现职责分离。当用户想要应用网络程序时，对于他的身份认证，云计算系统应该强制其使用强度高的密码，这也与安全标准实施相一致。

（二）PaaS 应用程序安全

根据定义，不管是公共云还是私有云，其 PaaS 平台的主要作用就是为用户提供一个制定网络应用程序的集成环境。不过无论是程序的设计、开发、测试，还是程序的部署和定制，用户都只能使用 PaaS 平台支持的编程语言。PaaS 层的网络应用程序的安全包括平台自身的安全和网络应用程序本身的安全。

在 PaaS 层服务使用模式中，针对多用户，保障服务安全的核心原则是对多用户之间应用程序进行隔离和访问控制。目前，“沙箱”体系架构普遍存在于多用户计算模式下，针对部署在 PaaS 平台上的应用程序，“沙箱”特征能够很好地保障程序的安全性、保密性和完整性。对于 PasS 平台上“沙箱”体系的特征，攻击木马也在有针对性地改变着自己的程序算法，对于此类新的攻击或漏洞，云计算服务提供商有义务进行监控和排查。

众所周知，开发者在开发一个应用程序的时候需要知道特定的 API，且希望自己开发的应用程序能都跨平台使用。然而，目前云计算服务提供商关于PaaS层API的设计还没有统一的标准，甚至说没有具体为设计能跨云计算通用的统一的API而努力过，这样为PaaS层开发的应用程序就很难被移植。PaaS层API统一标准的缺失，对应用程序的移植和跨云计算的安全管理都产生了一定的影响。

（三）Iaas应用程序安全

不同于PaaS层的应用程序安全，在IaaS层上的应用程序，完全由用户自己进行部署和管理，云计算服务提供商对此应用程序一无所知，对其只能进行黑盒处理。在这里需要提到防火墙，因为防火墙对于部署在IaaS层上的应用程序有很好的保护性，不仅能保护云计算内部的应用程序，还能保护云计算外部的应用程序，然而一般的云计算用户对防火墙的知识了解甚少。

开发者在编写IaaS层应用程序的时候，考虑到其安全性，根据自身情况必须考虑到此程序能够应对来自互联网的各种攻击，制定标准的安全策略，并能定期进行漏洞测试，编写并上传最新的安全补丁，以防止对云计算中的数据信息进行未授权的访问。

五、云计算网络安全态势评估

在现代这个高复杂化、分布式网络的环境下，信息安全领域的专家们提出将态势评估运用到云计算网络系统中，即云计算网络安全态势评估。它是一种新兴的网络安全技术，同时还是研究的重点之一，在网络信息安全范畴内有着很好的发展和创新机会。云计算网络安全态势评估包含数据挖掘、数据融合、风险评估等各种技术，甚至要求研究者们具有一定的编程能力，是一门综合性学术。多项技术的完美组合不仅能够对网络的运行情况进行监控，还可以预测未来一段时间内网络的状况、可能遭受的攻击等。云计算网络安全态势评估可以帮助网络管理人员更加快速、准确地处理网络安全问题，为他们提供了一定的方便。

六、云计算网络安全态势评估介绍

态势评估最早源于军事，随着态势评估技术的发展，同时也产生了许多相关的技术，如态势感知技术等。伴随着飞速发展的计算机技术和互联网技术，人们越来越重视网络安全的研究，使其成了IT领域的重要研究课题之一。如今，态势评估在社会多个领域中都得到了广泛的应用，包括人工智能领域、经济领域、医学领域、生产制造领域等。目前需要专家学者研究如何在云计算网络安全领域中使用这项技术。

云计算在得到广泛应用的同时，也遭受到了多种安全攻击威胁。云计算针对不同的安全威胁，划分了不同的域（云服务域、用户域、监控域），采用了不同的安全控制机制。云计算本身是一个分布式的网络结构，不同的域处在不同的网络环境中，当网络出现问题时，很难对问题进行定位，也很难对云计算网络的安全性进行宏观的把控，所以很有必要将网络安全态势评估运用到云计算中。

（一）网络安全态势评估研究的组成

网络安全态势评估利用安全管理技术，在综合了多项技术后，形成了一个独立的研究课题。对网络安全态势评估的研究可由下面几个技术部分组成。

①原始事件的采集技术。收集来自云中不同安全设备（如入侵检测系统、安全审计等）产生的告警、日志、正常数据等信息。为了后续进一步对采集到的数据进行快速、有效地处理，需要对收集到的信息进行预处理，存储成统一的格式等过程。

②事件的关联度分析技术。对预处理后的大量数据进行关联分析，根据数据元素间的关联性，去除其冗余的信息，进一步简化待处理的数据。

③安全态势值的算法。网络某段时间内的安全状况可以通过安全态势值来反映，而该值则可以通过数学计算得到。作为安全态势评估的关键技术，产生态势值算法的好坏直接影响评估的结果，因此，快速、准确的算法对于处理安全隐患状况是十分必要的。

④安全态势评估方法。根据计算得到的安全态势值，设计优良的评估算法，让网络管理人员了解云计算网络系统的运行情况及可能发生的安全问题，为管理员提供可采纳的处理办法。

⑤安全态势评估结果呈现。另外一项重要的研究内容是安全态势的动态显示。好的展示技术可以方便网络管理人员对网络进行排查，可以很好地管理网络安全态势数据，甚至动态地显示当前云计算网络的运行情况。

（二）网络安全态势评估技术的优点

安全态势评估的一项重要作用是综合反映云计算网络系统的运行状况，根据过去、现在的网络运行情况，去预测未来一段时间内的网络可能出现的各种状况。利用网络安全态势评估技术有着很多优点，不仅可以提高网络管理水平，还可以降低网络管理成本，以及简化网络管理的复杂度等。

①利用数据融合技术，处理采集到的大量的安全数据信息，提取出更能反映网络状况的特征信息。然后将网络运行状况通过表格化、图形化等方式更加直观地呈现出来。

②对原始安全数据预处理后，去除了数据间的冗余度，减少了历史数据中没用的信息，减少了数据的存储空间，对网络过去运行状况的分析可以更加方便地运用历史数据。

③利用数据挖掘技术，可以发现历史数据与网络运行情况的内在关系，通过此技术，可以预测未来一段时间内的网络运行情况，为网络人员提前部署和应对网络可能出现的安全攻击状况奠定基础。

七、云计算网络安全态势评估技术

（一）安全态势值的计算

网络安全态势值的大小可以很清楚地表征网络的运行情况，态势值越大，网络运行越不稳定、越危险。经过一系列的数学计算，将采集到的网络数据预处理后，将数据转化成一组或是几组数据，从而得到网络安全态势值。网络安全态势值的大小会随着网络运行状况的不同而发生变化，如网络受到了攻击或遭受到了不同类型的攻击等。通过观察数据的变化，网络安全管理人员可以判断网络的安全情况，进而判断网络是否遭受威胁。

网络是否安全可以通过当前安全态势值与正常运行情况下的安全态势值的比较来判断；网络可能遭受到的危害程度可以通过它们之间的差值来判断。但是其对网络产生了什么安全问题、具体受到了什么攻击、可采取什么解决方案等都无法提供有效信息。

（二）网络安全态势评估

网络安全态势评估的作用是告知系统可能发生什么危险。其具体过程是将采集到的原始安全数据信息进行预处理，提取出系统安全事件的特征信息，通过运用一定的数学模型和计算方法，得出一个评估概率值，以供网络安全管理人员参考。

根据网络安全态势评估研究的发展现状，总结出了云计算网络安全态势评估的基本模型。这个模型从低到高依次是态势感知、态势评估和态势预测三层。

第一层是态势感知层，是整个态势评估模型的基础。目前已经拥有十分成熟的技术手段，能够通过态势感知层来获取足够多的数据。通过处理这些采集到的数据，能够获取当前网络运行状况的全部信息。为了能够完成对安全态势的评估，通常会将这些态势信息变换成人们更容易理解的形式。

第二层是态势评估层，是整个态势评估模型的核心。其对上一层获取的数据进行安全识别，挖掘安全事件之间的相关性，计算安全态势值，生成安全态势曲线图，进而反映整个系统的安全情况。

第三层是态势预测层。其根据过去和现在的网络安全态势，判断预测未来的网络安全态势，提早做出应对策略和处理手段。

云计算一个显著的特点就是大数据。大量的网络数据是安全态势评估必须面对的事，而且数据间的冗余以及虚假的信息等问题都使得态势评估的计算方法很复杂。安全态势评估是一门综合性研究课题，它包括了对数据的处理方法、对网络的建模要求等方面。在现在的技术和理论中，数据挖掘和数据融合两大技术是处理大量数据的主要方法。

数据挖掘，是指从大量的、看似毫无关系的数据中去发现有价值的、存在一定关系的信息。按照预先设定好的数据属性集合，将这些挖掘出来的数据信息向上归并，因此可以说数据挖掘技术是种面向属性的归纳技术。从对数据不同角度的挖掘处理来看，数据挖掘的常用方法有回归分析法、聚类算法分析、关联规则算法（Apriori）、神经网络算法等。目前，数据挖掘技术已经是网络安全态势评估体系中非常重要的一项技术，可以帮助网络管理人员预测潜在可能的网络安全问题，可以通过在网络系统的历史数据中提取有用的潜在信息实现。

数据融合，是指在一定的准则下，对按时序获得的大量样本数据信息进行处理，在处理过程中加上各种决策分析、综合评估等算法。数据融合在统计学上的优势在于可以将来自同一数据源的信息进行组合，达到很高的处理精度。一般而言，数据融合处理数据时，是一个多方面、多等级的过程，能够监测、组合、估计、关联来自多个不同数据源中的数据。数据融合与数据挖掘从定义和技术层面上看存在不同之处，前者是一个对实时数据集进行处理的过程。数据融合能对从各个数据源得到的信息进行及时处理，在网络安全态势评估中，它反映的是网络当前的运行状况及可能存在的威胁。数据融合的常用方法有模糊推理系统、神经网络、贝叶斯网络等。

八、云计算网络安全态势评估的基本模型

云计算网络安全态势评估的技术体系主要由网络安全态势值的计算和网络安全态势评估两部分组成。通过网络安全态势值，网络管理人员得到网络产生的告警信息，了解网络具体的安全问题，然后根据网络安全态势评估的结果寻求对应的解决方案。网络安全态势评估最主要的两个作用是告知当前网络运行的情况是否安全和当前网络运行时可能存在的安全问题和攻击威胁，其包括输入信息、评估模块、知识库等三部分内容。

①输入信息。输入信息包括：一是安全事件模块的数据信息，其将记录原始的安全事件被标准化处理后的事件的数据，它是系统中发生的安全事件最直接的反映；二是安全态势模块计算的数据结果，通过处理标准化后的安全事件，得到一组或几组能反映系统安全状况的数据集，这些数据能表征网络中发生的一些安全事件，不同的安全事件对应得到不同的数据。安全态势评估过程的数据依据就是上述两类安全态势评估体系系统的输入信息。

②评估模块。评估模块是网络安全态势评估的核心部分，包括两个子模块：一是数据挖掘模块，二是数据融合模块。数据融合模块主要处理安全网络可能的安全问题和发展趋势，可以通过一定的挖掘算法得到，并用于预测未来网络的运行状况和安全事件。

③知识库。知识库是评估系统中一个重要的组成部分，是网络安全态势评估重要的依据，主要包含下列信息。

第一，训练集。网络在各种运行情况下的数据，主要用于测试，去发现安全等级和各个态势指标之间的概率关系。

第二，案例库。通过观察各个态势指标的异常，去应对可能发生的某个或某类安全问题。

第三，规则库。其主要用于数据挖掘中包括预先定义的一些安全关联聚类的标准等。

第四，评估结果展示。评估结果主要以图形化、表格化的形式呈现，主要包括四个方面：网络当前安全等级、发生的安全事件、对未来网络的态势预测、可能存在的安全隐患。

九、云计算网络安全态势预测

能够通过技术手段去预测一些事情的未来发展方向及趋势，对于大多数行业和领域来说都是非常有研究价值和实际意义的。目前，数据挖掘便是其中最

热门的一项技术，其核心是通过对历史事件或数据的分析，从大量看似毫无关联的数据中挖掘出有用的信息，去预测和分析未来可能发生的情况，以便提前做好适当的措施。

（一）云计算网络安全态势预测简介

作为整个态势评估过程中最高层的网络安全态势预测，它是建立在准确的态势感知和充分的态势评估基础之上的，具有重要的研究价值和实际意义。态势预测就是在理解当前网络态势的基础上，预测和分析网络未来一段时间内的安全趋势，可以通过对网络历史事件和态势数据的分析来实现，以便网络管理人员和用户做出正确的决策和部署。

网络安全态势评估的结果大多为时序数据。虽然各个国家对时序数据的预测研究都有较长时间了，且有比较多的预测技术和方法，但是由于云计算网络本身的多变性和复杂性，要建立合适的预测模型是较为困难的。因此将传统的预测方法运用到云计算网络安全态势预测中往往效果较差。当前，关于云计算网络安全态势预测的成果还比较少，国内这方面还处在起步阶段。国际上的研究人员目前对于网络安全态势预测方面的研究结论主要有：基于神经网络的预测算法、支持向量机的预测算法、基于灰色理论的预测算法等。

上述几种方法都有各自的优点，但也都有一定的缺陷，即需要对原始采集的数据进行训练，然后预测分析，训练数据的质量将影响到预测算法的精度。将云模型运用到云计算网络安全态势预测中，一是由于云模型可以将安全态势值直接输入，不需要对其进行训练，降低了对训练算法的依赖性；二是云模型在针对拥有模糊性和随机性的预测研究时有优势。

（二）云模型介绍

我国院士李德毅在 1995 年提出了云模型，这一模型是在充分考虑了模糊数学理论以及概率统计的基础上提出的，最早应用于控制单极电动机中。目前，云模型算法在智能控制、知识发现、空间数据挖掘等领域得到了广泛的应用。云模型主要是通过自然语言来描述，用以表示定量数据和定性概念之间的不确定性转换的模型，它反映了客观世界中的随机性和模糊性。

第三节　云计算安全技术解决方案

一、确保云平台的安全

（一）严格参照手册进行配置

严格按照应用程序供应商提供的安全手册进行配置，尤其是在 Windows 环境下，需要具备确保 IIS、Microsoft SQL 和 .NET 安全的能力。不要留有默认的密码或者不安全的来宾（Guest）账户。

（二）保证补丁能够及时得到更新

需要依靠应用程序供应商来提供正确的应用配置或配置补丁的具体步骤。这里最关键的问题是要及时，必须要确保自己有一个变更管理项目，来确保安全套接层（SSL）补丁和变更程序能够迅速发挥作用。

（三）重新设计安全应用

需要从两方面来考虑重新设计安全应用。一方面，需要对应用进行重新设计，把安全工作做得更细一点，来确保使用应用的所有用户都能被证明是真实可靠的。另一方面，可以应用适当的数据和应用许可制度，来确保所有访问控制决策都是基于用户授权来制定的。

二、确保应用服务层的安全

（一）建立可信安全平台

结合防火墙、入侵检测、病毒防治、权限控制以及安全邮件等技术，保证网络传输时系统的应用和数据存储、数据传输的安全性。

（二）数据存储与备份

这里的数据存储与备份针对运营数据，要达到安全性与实时性相结合。在 SaaS 环境下，为各个环节做冗余设计，保证任何一个硬件或者软件的单点故障都不会影响整个 SaaS 的运营。

（三）选择可靠的操作系统

定期升级软件补丁，关注版权信息。选择稳定的主流操作系统，定期更新操作系统与软件补丁，定时扫描漏洞。有条件的客户可以邀请安全专家对系统做评估，并选用定制的网络设备或者硬件设施。

（四）对服务器跟客户端的安全都要重视

对于客户端，最好采用通过 SSL 服务器端认证的 HTTPS 协议，保证所有传输的数据都是加密过的，以保证数据传输安全。同时对于身份认证，可以考虑使用 USB Key 的方式，唯一识别客户身份。对于服务器方面，可以使用虚拟化的高可用性技术，以保证任意一台服务器出现故障，不会影响系统的整体可用性。

（五）选择可靠的 SaaS 提供商

首先，可靠的 SaaS 提供商应该具有业界领先的成熟的安全技术，如对于 SaaS 邮件提供商，成熟的反病毒、反垃圾邮件技术必不可少。

其次，知识产权也比较重要，SaaS 提供商拥有核心知识产权，可以保证以后服务的延续性与可靠性。

最后，SaaS 提供商最好要有业界良好的信誉以及安全资质，可以保证服务运行的可靠性与可信度，并能够提供持续的技术支持。

（六）安全管理

首先，最好建立第三方监理制度，应用第三方监理确保科学化、公平化、专业化，才能使 SaaS 更合理、更有效地运营下去。

其次，安全制度也非常重要，要建立服务商与客户之间的诚信体系，社会方面也需要提供外部的法律支持，使泄露客户商机的行为能够受到惩处。良好的信用体系是 SaaS 安全发展的一个必要条件。

最后，需要对安全人员进行技术知识和应急安全事件处理能力的培训，增强其安全管理意识，遵守安全管理规范。

三、确保基础设施层的安全

（一）数据可控以及数据隔离

对于数据泄露风险而言，解决此类风险主要通过数据隔离来实现。实现数据隔离主要有三种途径。

其一，让客户控制他们需要使用的网络策略和安全。

其二，从存储方面来说，客户的数据应该存储在虚拟设备中，由于虚拟存储器实际上位于更大的存储阵列上，因而采取虚拟存储方式，便可以在底层进行数据隔离，保证每个客户只能看到自己对应的数据。

其三，在虚拟化技术实现中，可以考虑大规模部署虚拟机以实现更好的隔离，以及使用虚拟的存储文件系统，如 VMware 的虚拟机文件系统（VMFS）。

（二）建立健全 IT 行业法规

在云计算环境下，用户不知道自己的数据放在哪儿，因而会有一定的焦虑，比如：我的数据在哪儿？安全吗？等等。在 IaaS 环境下，由于虚拟机具有漂移特性，用户很大程度上不知道数据到底存放在哪个服务器、哪个存储之上。另外，由于数据的独有特点，一旦为别人所知，价值便会急剧降低。这需要从法律、技术两个角度来规范。首先建立健全法律，对数据泄露、IT 从业人员的不道德行为进行严格约束，从人为角度防止出现数据泄露等不安全现象。其次，开发虚拟机漂移追踪技术、IaaS 下数据独特加密技术，让用户可以追踪自己的数据，感知到数据存储的安全。

（三）选择安全的虚拟化厂商以及成熟的技术

最好选择能有持续支持以及对安全长期关注的厂商。定期更新虚拟化安全补丁，并关注虚拟化安全。成熟的虚拟化技术不但能够预防风险，还能增强系统安全性，如 VMware 对有问题虚拟机的隔离、分布式资源调度程序（DRS）系统动态调度等。

第七章　网络安全视角下的信息保护

网络信息保护技术的目标是保证网络信息的可用性，是在网络信息系统能够正常运行的前提下，增强网络信息本身防御攻击和破坏的能力。本章分为网络信息保护概述、信息隐藏技术、数字水印技术、数据库安全技术四部分，主要包括网络信息保护的重要性、网络版权保护技术、保密通信中的信息保护技术、数字签名过程中的信息保护技术、信息隐藏产生背景、信息隐藏基本原理等方面的内容。

第一节　网络信息保护概述

一、网络信息保护的重要性

信息资源是网络信息系统的核心，这些共享的信息资源既要面对必需的可用性需求，又要面对被篡改、损坏和被窃取的威胁。一方面，数字产品的无失真复制的特点，造成了版权保护和管理方面的漏洞，给信息拥有者的合法权益造成了潜在的威胁。另一方面，敏感信息的传输和存储中免遭破坏是许多政府部门、企业和个人十分关心的问题。党政机关和军事部门的涉密文件和资料、工业上正在研制的新产品造型、尖端科学研究数据与图像、电子商务过程中在网上交换的信息（如电子合同书）、电子出版物的版权信息等，如何保证这些信息在网络传输时和系统存储时免遭破坏，显得非常重要。

为了保护网络信息的可用性，通常采用两种方法：一种是将机密信息隐藏起来，使非授权者无法得知机密信息的存在，如隐写术、信息隐藏、数字水印、隐通道和匿名通信等；另一种是将信息进行数据备份，若信息被破坏，则可以从备份中恢复。

二、网络版权保护技术

近年来，随着计算机和通信网技术的发展与普及，数字音像制品及其他电子出版物的传播和交易变得越来越便捷，但随之而来的侵权盗版活动也呈现日益猖獗之势。原因是数字产品被无差别地大量复制是轻而易举的事情，如果没有有效的技术措施来阻止这个势头，必将严重阻碍电子出版行业乃至计算机软件业的发展。

为了打击盗版犯罪，一方面要通过立法来加强对知识产权的保护，另一方面必须要有先进的技术手段来保障法律的实施。水印技术以其特有的优势，引起了人们的好奇和关注。人们首先想到的就是在数字产品中藏入版权信息和产品序列号。某件数字产品中的版权信息表示版权的所有者，它可以作为侵权诉讼中的证据，而为每件产品编配的唯一产品序列号可以用来识别购买者，从而为追查盗版者提供线索。

早期，采用软件狗等附加硬件装置来保护软件的版权，防止非法复制使用。但也给合法用户带来了麻烦。现在出现了一些新的方法。

（一）数据锁定

出版商从降低成本的角度出发，可以把多个软件或电子出版物集成到一张光盘上出售。盘上所有的内容均被分别进行加密锁定，不同的用户买到的均是相同的光盘，每个用户只需付款买他所需内容的相应密钥，即可利用该密钥对所需内容解除锁定，而其余不需要的内容仍处于锁定状态，用户是看不到的。这样，拥有相同光盘的不同用户，由于购买了不同的密钥，便可各取所需地得到光盘上相应的内容，这为用户和商家都提供了极大的便利。

同理，在 Internet 上数据锁定可以应用于文件传送协议（FTP）服务器或一个 Web 站点上的大量数据，付费用户可以利用特定的密钥对所需要的内容解除锁定。但随之而来的问题是，解除锁定后存于硬盘上的数据便可以被共享、复制，因此，仅仅使用数据锁定技术还是无法阻止加密锁定的数据被非法扩散。

密码在数据锁定技术中扮演着重要的角色，如果能做到破译密码的代价高于被保护数据的价值，那么我们就有理由认为数据锁定技术能够使出版商的利益得到可靠的保护。

（二）隐匿标记

隐匿标记是一种在某文件中嵌入某种视觉不可区分的特定的标记信息，但通过特定的方法可以测定出该文件具有特定信息的技术。例如，利用文字间距的变化可以嵌入隐匿标记。因为一个文件中文字的字间距、行间距的细小改变人们很难觉察到，把这些间距精心改变后可以隐藏某种编码的标记信息以识别版权所有者，而文件中的文字内容无须做任何改动。

现在的激光打印机具有很高的解析度，可以控制字符使之发生微小的位移。人眼对字间距、行间距的微小差别并不十分敏感，而现在的扫描仪能够成功地检测到这一微小的位移。扫描仪可以获得高分辨率的印刷品图像，并通过适当的解码算法找到其中的隐匿标记。

在 20 世纪 80 年代的英国，有过关于隐匿标记的一个典型应用实例。当时的英国首相撒切尔夫人发现政府的机密文件屡屡被泄露出去，这使她大为发火。为了查出泄露机密文件的内阁大臣，她使用了上述这种利用文字间隔嵌入隐匿标记的方法，在发给不同人的文件中嵌入不同的隐匿标记，虽然从表面上看文件的内容是相同的，但字间距经过精心的编码处理，使得每一份文件中都隐藏着唯一的序列号，不久那个泄露机密文件的大臣就被发现并受到了应有的惩罚。

（三）数字水印

数字水印是镶嵌在数据中并且不影响合法使用的具有可鉴别性的数据。它一般应当具有不可察觉性、抗擦除性、稳健性和可解码性的特点。改变图像中的像素点可以嵌入数字水印信息，在一个很大的宿主文件中嵌入的隐匿信息越少就越难以被察觉。带宽和不可察觉性之间可以根据不同的应用背景取得合理的折中。

为了保护版权，可以在数字视频内容中嵌入水印信号。如果制定某种标准，可以使数字视频播放机能够鉴别到水印，一旦发现在可写光盘上有“不许拷贝”的水印，表明这是一张经非法拷贝的光盘，因而拒绝播放。还可以使用数字视频拷贝机检测水印信息，如果发现“不许拷贝”的水印，就不去复制相应内容。对于一些需要严格控制数量和流通范围的数字媒体，可通过该技术在其中嵌入数字水印，加以控制。

数字水印能够用于静态数字图像（彩色或灰度级的）、数字音频、数字视频的版权保护，推而广之，可以保护各种多媒体产品，为它们做上特殊的标记。数字水印以其他信号为载体（嵌入其他信号中），数字水印的加入不会干扰被它所保护的数据，载体信号受到嵌入其中的水印信号的影响非常小，一般是通过改变数字视频或数字音像数据的最低有效位或噪声部分（因为数字化信息——数字化电视节目、摄像机摄取的图像等均含有本底噪声，有用信号和本底噪声一起能够被计算机系统高保真地存储和传输）来加入水印信息，以使人眼（耳）根本无法察觉。水印不改变其载体数据量的大小。一幅照片数字化后生成的数字图像，噪声部分占全部信息的 5% ～ 10%，由于嵌入的水印数据不易与原始信息数字化过程中引入的噪声区别开来，因此，嵌入处理的安全性很高。数字水印必须具有难以被破坏和伪造的特性，它能够唯一确定地表示数字产品的版权所有者。盗版者无法去除水印，水印具有在滤波、噪声干扰、裁剪和有失真压缩（如 JPEG、MPEG）下的稳健性，因而能够抵御各种有意的攻击。数字水印一般是由伪随机数发生器、置乱器和混合系统产生的。人们通常讲的数字水印都是稳健型数字水印，与稳健型水印性质不同的另一类水印是脆弱型数字水印，它与稳健性特征相反，具有较强的敏感性，且检测阈值低，可用于识别他人对信息的恶意篡改，用于保证信息的完整性。

正因为数字水印在版权保护方面是一种很有前途的技术，对它的攻击也是不可避免的。目前数字水印方面的工作是希望找到一种公钥密码体制的技术方法，任何人都可以鉴别，但只有版权所有者可以嵌入，与之相关的问题是要建立复杂的水印公证体系。

三、保密通信中的信息保护技术

（一）信息隐藏

信息隐藏也被称为“信息隐蔽”或“信息隐形”。一般认为，信息隐藏是信息安全研究领域与密码技术紧密相关的一大分支。信息隐藏和信息加密都是为了保护秘密信息的存储和传输，使之免遭他人的破坏和攻击，但两者之间有着显著的区别。加密实际上是进行一种变换，将一段明文变成一段非合法接收者无法理解的密文。而信息隐藏则试图掩盖信息存在这一事实，秘密信息被嵌入表面上看起来无害的宿主信息中，攻击者无法直观地判断其所监视的信息中是否含有秘密信息，换句话说，含有隐匿信息的宿主信息不会引起别人的注意和怀疑。信息隐藏的目的是使敌人不知道哪里有秘密，它隐藏了信息的存在形式，使得敌人无法确切地知道是否有秘密消息的存在。随着计算机软硬件技术的发展，密码的破译能力越来越强，这迫使人们对加密算法的强度提出越来越高的要求。由于密码技术利用随机性来对抗密码攻击，而密文的随机性同时也暴露了消息的重要性，即使密码的强度足以使攻击者无法破译密文，但是攻击者通常有足够的手段进行破坏，从而使消息无法接收或者接收到虚假的消息。密文容易引起攻击者的注意是密码学的一个显著缺点。信息隐藏掩盖了信息存在的事实，这就好比隐形飞机不能被雷达探测到，从而避免了被袭击的危险。

众所周知，密码的不可破译性是靠不断增加密钥的长度来提高的。然而随着计算机计算能力的迅速提高，密码的安全始终面临着新的挑战。如今令人欣喜的是，信息隐藏技术的出现和发展，为信息安全的研究和应用拓展了一个新的领域。而且，由于近年来各国政府出于国家安全方面的考虑，对密码的使用场合及密码强度都做了严格的限制。这就更加激发了人们对信息隐藏技术研究的热情。

将密码学与信息隐藏相结合，就可以同时保证信息本身的安全和信息传递过程的安全。

（二）密写

密写是信息隐藏的一个分支。物理上的最典型的方法是利用化学药水的密写。另一种方法是用一个特制的模板套在文字上使无关的内容被遮住，仅留下秘密信息，这与所谓的“藏头诗”在道理上是相同的。严格说来，这种方法是通过编码的手段实现信息的隐藏的，与隐写是有区别的。

现代数字密写技术可以理解为数字信息上的隐写，它是物理密写方法的数字仿真。其基本原理是利用人在听觉、视觉系统分辨率上的限制，以数字媒体信息为载体，将秘密信息隐藏于其中，从而掩盖秘密信息的存在。

数字密写和数字水印的共同点是在载体中嵌入信息，但它们在载体中嵌入信息的目的却是不同的。另外，数字密写按重要性程度依次强调安全性、嵌入容量和稳健性，而数字水印强调的顺序依次是稳健性、安全性和嵌入容量。

（三）数字签名中的阈下信道

阈下信道是一种典型的信息隐藏技术。阈下信道的概念是朱斯塔夫斯·J. 辛蒙斯（Giustavus J. Sinmons）于 1978 年提出的，之后他又做了大量的研究工作。阈下信道（又称潜信道）是指在公开信道中建立的一种实现隐蔽通信的信道，这是一种隐蔽的信道。

经典密码体制中不存在阈下信道。分组密码中也不存在阈下信道，因为与明文块（长度为 64 bit）相对应的密文块（长度为 64 bit）的大小是相同的。如果存在阈下信道，则一个明文块要对应多个不同的密文块，而事实上在数据加密标准（DES）方案中明文块、密文块是一一对应的。但在大多数基于公钥体制的数字签名方案中，明文 m 与数字签名 S（m）不是对应的，这是由于会话密钥具有可选择性，从而对同一个消息可产生多个数字签名，即对每个 m 可以有多个 S（m）。这就为阈下信道的存在提供了条件，阈下接收方可以根据这些不同的数字签名获取公开接收方无法得到的阈下信息。研究表明，绝大多数数字签名方案都可包含阈下信道的通信，其最大特点是阈下信息包含于数字签名之中，但对数字签名和验证的过程无任何影响，这正是其隐蔽性所在。即使监视者知道要寻找的内容，也无法发现信道的使用和获取正在传送的阈下消息，因为阈下信道的特性决定了其安全保密性要么是无条件的，要么是计算上不可破解的。

阈下信道在国家安全方面的应用价值很大。如果采用全球性标准，那么世界上任何地方的用户检查点都能及时检查出数字证件上的信息完整性，并能确定持证人是否为合法持证人。将来可以在数字签名的数字证件中建立阈下信道，把持证人是否为恐怖主义分子、毒品贩、走私犯或重罪犯等情况告诉发证国的海关人员，以及向金融机构、商业实体透露持证人的信用评价和支付史等情况，而仅检查公开信息的人是无法看到此类阈下信息的，持证人自己也无法获得和修改这些阈下信息。

（四）Internet 上的匿名连接

在网络通信中，跟踪他人的数据包，进行业务量分析，以及判断谁和谁在通信，也是收集谍报信息的一个重要来源。而采用隐蔽通信的技术就是为了保护通信信道不被别人窃听和进行业务量分析，这种技术提供一种基于 TCP/IP 协议的匿名连接，从数据流中除去用户的标识信息，即用该技术建立连接时，并不是直接连到目的机器的相应的数据库，而是通过多层代理服务器，层层传递后到达目的地址，每层路由器只能识别临近的一层路由器，第一层路由器对本次连接进行多层加密。以后每经过一层路由器，除去一层加密，最后到达的是明文。这样每层路由器处理的数据都不同，使他人无法跟踪。连接终止后，各层路由器清除信息。这类似于单线联络，每个人只知道与前后哪两个人联系，而对自己所传的消息最初从哪儿来，最终到哪儿去一概不知。从应用的角度讲，比如你在网上购物，却不想让中途窃听者知道你买了什么东西，或者你访问某个站点，却不想让别人知道你是谁，就可以用这种技术。这种技术可用于有线电话网、卫星电话网等。它不但适用于军用，而且适用于商用，还可广泛用于 E-mail、Web 浏览及远程注册等。

近年来，利用网络进行各种犯罪活动的案件逐渐增多，政府情报部门在寻找犯罪线索方面扮演着重要的角色。网上信息收发的“隐私权”（或者说匿名性、不可追踪性）问题也一直是人们所关注的。

Internet 上的保密通信和数字产品版权保护方面的强烈需求，已成为进行信息隐藏技术研究的强大推动力。在国家安全和军事领域，信息隐藏技术的应用前景也不可估量。

四、数字签名过程中的信息保护技术

在因特网上购买商品或服务，要向供应商（由银行）付款，顾客发出包含有他的银行账号或别的重要信息的付款报文，由收款者做出（电子）签名才能生效，但账号之类的信息又不宜泄露给签名者，以保证安全。这种情况，就要使用盲签名方案。盲签名技术适应于电子选举、数字货币协议中。

五、数据备份技术

因为系统的周边环境充满了无数的不确定性因素，使数据安全随时遭受极大威胁，所以数据恢复的重要性更加凸现出来。现代商业对数据的渴求已经到了“分秒必争”的地步，因而数据恢复也演化到实时的需求上。大多数用户都希望在信息丢失前，系统就能自动对数据进行保护，同时还不影响正在进行的操作。备份只是一种手段，备份的目的是防止发生数据灾难，缩短停机时间，保证数据安全。其中，磁带机提供了经济有效的备份，它能够以 10% ～ 20% 的投资，实现 100% 的可靠性。

备份可以通过拷贝来进行，但不能简单地用拷贝来代替备份。实际上。备份等于拷贝加管理，数据备份技术能实现可计划性以及自动化，以及历史记录的保存和日志记录。在海量数据情况下，如果不对数据进行管理，则会陷入数据汪洋之中。也不能用双机、磁盘阵列镜像等系统冗余替代数据备份。需要指出的是，系统冗余保证了业务的连续性和系统的高可用性，但系统冗余不能替代数据备份，因为它避免不了人为破坏、恶意攻击和病毒等，只有备份才能保证数据的万无一失。当然，也不能只备份数据文件，正确的方法是对网络系统进行全部备份。

第二节 信息隐藏技术

一、信息隐藏产生背景

采用传统密码学理论开发出来的加解密系统，不管是对称密钥系统（如DES）还是公开密钥系统（如RSA），对于机密文件的处理都是将其加密成密文，使得非法拦截者无法从中获取机密信息，达到保密的目的。但是这种加密方法有一个致命的缺点，那就是它明确地提示了攻击者哪些是重要信息，容易引起攻击者的注意，由此带来被破解的可能。

除此之外，攻击者还可以在破译失败的情况下将信息破坏，使得合法的接收者也无法接收信息。采用加密技术的另一个潜在缺点是，随着硬件技术的迅速发展，以及基于网络实现的具有并行计算能力的破解技术的日益成熟，传统的加密算法的安全性受到了严重挑战。1997年，DES被破译就是一个很有说服力的实例。仅仅通过增加密钥长度来增强安全性已不再是唯一的可行方法。

随着多媒体技术和互联网的迅猛发展，互联网上的数字媒体应用正在呈爆炸式增长，越来越多的知识产品以电子版的方式在网上传播。数字信号处理和网络传输技术可以对数字媒体（数字声音、文本、图像、视频等）的原版进行无限制地编辑、修改、复制和传播，造成数字媒体的知识产权保护和信息安全的问题日益突出。因此，如何防止知识产品被非法复制及传播，是目前急需解决的问题。

传统的信息安全技术无法解决以上这些问题。1992年一种关于信息安全的新概念——信息隐藏被提出，即将关键信息秘密地隐藏于一般的载体（图像、声音、视频或一般的文档）中发行或通过网络传递。由于非法拦截者从网络上拦截的伪装后的关键信息，并不像传统加密过的文件一样，看起来是一堆会激发非法拦截者破解的关键信息的乱码，而是看起来和其他非关键性信息无异的明文信息，因而十分容易逃过非法拦截者的破解。这一点是传统加解密系统所欠缺的，也是信息隐藏的基本思想。信息隐藏的首要目标是隐藏性好，也就是使加入隐藏信息后的媒体的质量降低尽可能小，使人无法看到或听到隐藏的数据，达到令人难以察觉的目的。

信息隐藏不同于传统的加密，其目的不在于限制正常的资料存取，而在于保证隐藏数据不被侵犯和重视。信息隐藏必须考虑隐藏的信息在经历各种环境和操作之后免遭破坏的能力。在载体传递过程中，秘密信息若是在非法拦截者破解的过程中消失，则机密信息的传递是失败的，无效的，必须重新传递。一般的多媒体形式的文件，其信息量都非常大，为了节省传递时间，在传递之前都会先将传递的资料进行压缩处理。因此，信息隐藏也必须考虑这种来自非有意操作造成的威胁，使机密资料对正常的有损压缩技术具有免疫能力。这种免疫力的关键是要使隐藏信息部分不易被有损压缩破坏，也不易被通常的信号变换操作所破坏。可见隐藏的数据量与隐藏的免疫力始终是一对矛盾，目前还不存在一种完全满足这两种要求的隐藏方法，通常只能根据需求的不同有所侧重。

信息隐藏技术和传统密码技术的区别在于：密码仅仅隐藏了信息的内容，而信息隐藏不但隐藏了信息的内容而且隐藏了信息的存在。信息隐藏技术提供了一种有别于加密的安全模式。在这一过程中载体信息的作用实际上包括两个方面：一是提供传递信息的信道；二是为隐藏信息的传递提供伪装。

随着数字技术和网络技术的迅速发展，人们越来越多地采用多媒体信息进行交流。但各种多媒体信息以数字形式存在，制作其完美副本变得非常容易，从而可能会导致出现盗版、伪造和篡改等问题。数字水印是一种数字产品版权保护技术，目的是鉴别出被非法复制和盗用的数字产品。作为信息隐藏技术研究领域的重要分支，数字水印一经提出就迅速地成为多媒体信息安全研究领域的一个热点问题，出现了许多数字水印方案，也有许多公司已推出了数字水印产品。

二、信息隐藏基本原理

信息隐藏是集多门学科理论技术于一身的新兴技术领域，它利用人类感觉器官对数字信号的感觉冗余，将一个消息隐藏在另一个消息中。由于隐藏后外部表现的只是遮掩消息的外部特征，故并不改变遮掩消息的基本特征和使用价值，所以用信息隐藏的方法和用密码加密的方法进行保密通信各有优势。

信息隐藏学是一门有趣、古老的学问，从中国古代文人的藏头诗，到现在的隐蔽信道通信，信息隐藏学都在发挥着作用。今天，数字化技术、计算机技术和多媒体技术的飞速发展，又为信息隐藏学赋予了新的生命，为信息隐藏技术的应用和信息隐藏科学的发展开辟了崭新的领域。因此，信息隐藏技术已成为信息科学领域研究的一个热点。被隐藏的秘密信息可以是文字、密码、图像、图形或声音，而作为宿主的公开信息可以是一般的文本文件、数字图像、数字视频和数字音频等。

我们把待隐藏的信息称为秘密信息，它可以是版权信息或秘密数据，也可以是一个序列号；而公开信息则称为宿主信息，也称载体信息，如视频、音频片段等。这种信息隐藏过程一般由密钥来控制，通过嵌入算法将秘密信息隐藏于公开信息中，而隐蔽宿主（隐藏有秘密信息的公开信息）则通过通信信道传递，然后对方的检测器利用密钥从隐蔽宿主中恢复/检测出秘密信息。

由此也可以看出，信息隐藏技术主要由下述两部分组成。

①信息嵌入算法（编码器），它利用密钥来实现秘密信息的隐藏。

②隐蔽信息检测/提取算法（检测器），它利用密钥从隐蔽宿主中检测恢复出秘密信息。在密钥未知的前提下，第三者很难从隐蔽宿主中得到或删除，甚至发现秘密信息。

三、信息隐藏系统的特征

信息隐藏不同于传统的加密，因为其目的不在于限制正常的资料存取，而在于保证隐藏数据不被侵犯和发现。根据目的和技术要求，一个信息隐藏系统的特征主要有以下几点。

（一）健壮性

健壮性（鲁棒性或顽健性）指不因宿主文件的某种改动而导致隐藏信息丢失的能力。这里的所谓“改动”包括传输过程中的信道噪声、滤波操作、重采样、有损编码压缩、D/A 转换、A/D 转换或人为攻击等。

（二）不可检测性

不可检测性是指隐蔽宿主与原始宿主具有一致的特性，如具有一致的统计噪声分布，以便使非法拦截者无法判断是否藏有隐蔽信息。

（三）透明性

透明性是指利用人类视觉系统或人类听觉系统的特性，经过一系列隐藏处理，使目标数据没有明显的降质现象，而隐藏的数据却无法人为地看见或听见。

（四）安全性

安全性是指隐藏的信息内容应是安全的，最好经过某种加密后再隐藏，同时隐藏的具体位置也应是安全的，至少不会因格式变换而遭到破坏。

（五）自恢复性

由于经过一些操作或变换后，可能会使原图产生较大的破坏。如果只从留下的片段数据就能恢复隐藏信息，而且恢复过程中不需要宿主信息，这就是所谓的自恢复性。这要求隐藏的数据必须具有某种自相似特性。

（六）可纠错性

为了保证隐藏信息的完整性，使其在经过各种操作和变换后仍能很好地恢复，通常采取纠错编码方法。

需要指出的是，以上这些特征会根据信息隐藏的目的与应用的不同而有不同的侧重。例如：在隐写术中，最重要的是不可检测性和透明性，但健壮性就相对差一点；而用于版权保护的数字水印特别强调具有很强的对抗盗版者可能采取的恶意攻击的能力，即水印对各种有意的信号处理手段具有很强的健壮性；用于防伪的数字水印则非常强调水印的易碎性，以敏感地发现对数据文件的任何篡改和伪造等。

四、信息隐藏技术的主要分支与应用

广义的信息隐藏技术可以分为以下几类。

①隐蔽信道是相对于公开信道来说的。广义地讲，隐蔽信道是在公开信道中建立起来的进行隐蔽通信的信道。隐蔽信道的使用总是伴随着公开信道的使用，从而避免隐蔽信道被发现。

②匿名通信就是寻找各种途径来隐藏通信消息的主体，即消息的发送者和接收者。根据谁被匿名（发送者、接收者，或两者），匿名通信又可分为几种不同的类型。Web 应用强调接收者的匿名性，而电子邮件用户们更关心发送者的匿名性。

③隐写术是将欲传递的真实信息隐藏于普通信息的技术，是信息隐藏学的一个重要分支。藏头诗就是隐写术的典型应用。

④版权标志包括数字指纹和数字水印。数字水印又分可见水印和不可见水印。可见水印最常见的例子是电视上的电视台标识，其主要目的在于明确标识版权，防止非法使用，虽然降低了资料的商业价值，却无损所有者的使用。而不可见水印将水印隐藏，视觉上不可见（严格说应是只用肉眼无法察觉），目的是将来起诉非法使用者，作为起诉的证据，保护原创造者和所有者的版权。不可见水印往往用在商用的高质量图像上，而且往往配合数据加密技术一同使用。

第三节　数字水印技术

随着“数字地球”建设步伐的不断加快，互联网应用对电子信息产品版权保护的要求越来越高，以电子信息产品版权保护为主的数字水印技术越来越重要。数字水印是一种嵌入图像、视频或者音频数据中的隐形标志，通过对水印信息的检测可以达到保护多媒体数据版权的目的。数字水印嵌入数字产品中的数字信号，要以不破坏原数据的欣赏价值、使用价值为基础。随着数字化存储信息的增长以及新型多媒体器具的发展，数字信息持有者权利的保护问题变得越来越急迫。其主要原因有：首先，数字文件的复制相当容易，更重要的是复制起来还相当完美，副本与原件是一样的；其次，转变的简易与用途的多样也令人担忧，一旦复制品做好，任何想要它的人马上就可得到，不必受到原作者的允许；最后，数字图像的适应性也是一个极大的弱点，任何恶意的用户（私人性质）可以随意修改图形，从而使许多版权保护的技术失去其作用和使版权保护系统承受极大的挑战。数字水印技术是在 20 世纪 90 年代提出的一种版权保护手段。在此介绍一种叠加性水印技术，能产生出与原图形在内容上同步的图像（又叫印记）。这种印记的加密图形与原始图像是同一的，使得有版权者的保密内容在个人计算机上检测不到。这种技术允许 2 名控制者（比如作者的计算机或获得信任的第三方计算机）在知道了作者的密码之后，在一定条件下找出一连串图像中的水印图像，从而检查非法复制品的传播。

很多文献中都提到了各种图像水印的嵌入的检测算法。本节讲述的图像水印算法就是基于离散小波变换（DWT）域的图像水印嵌入和提取算法。由于小波变换的优点使应用此算法得到的水印有很强的稳健性和层次性。在图像压缩标准 JPEG 中，小波变换成了一种关键技术。小波变换作为一种变换域信号处理方法，近年来在计算机视觉和图像处理研究领域，引起人们的极大兴趣。小波变换在图像处理与图像分析领域正得到越来越广泛的应用。作为一种多分辨率的分析方法，由于小波变换具有很好的时间局部性，特别适合按照人类视觉系统特性设计图像的编码与分层传输。随着小波技术在图像领域的广泛应用，基于小波变换的水印技术也得到越来越多的关注。而小波本身的多分辨率思想对根据健壮性和视觉效应设计一个好的信息在载体的分布方式是很有用的。基于此提出了一种基于离散小波变换的水印方法，通过对图像的一级分解，提取出细节子带中的重要成分，通过这些成分代表着的图像的纹理区域，利用纹理的隐蔽特性，使得系统在保证健壮性的同时获得很好的不可觉察性。数字水印技术是近年来国际学术界兴起的一个前沿研究领域。它与信息安全、信息隐藏、密码学和隐写术等均有密切关系。特别是在网络技术和应用迅速发展的今天，数字水印技术研究更具现实意义。

第四节　数据库安全技术

一、数据库安全概述

数据库系统是计算机技术的一个重要分支，从 20 世纪 60 年代后期开始发展。虽然其起步较晚，但几十年来已经成为一门新兴学科，应用涉及面很广，几乎所有领域都要用到数据库。数据库，形象上讲就是若干数据的集合体。这些数据存在于计算机的外存储器上，而且不是杂乱无章地排列的。数据库的数据量庞大、用户访问频繁，有些数据具有保密性，因此数据库要由数据库管理系统（DBMS）进行科学的组织和管理，以确保数据库的安全性和完整性。

二、数据库安全系统特性

（一）数据独立性

数据独立于应用程序之外。理论上数据库系统的数据独立性分为以下两种。

1. 物理独立性

数据库的物理结构的变化不影响数据库的应用结构，从而也就不能影响其相应的应用程序。这里的物理结构是指数据库的物理位置、物理设备等。

2. 逻辑独立性

数据库逻辑结构的变化不会影响用户的应用程序，数据类型的修改、增加，改变各表之间的联系都不会导致应用程序的修改。

（二）数据安全性

比较完整的数据库对数据安全性采取以下措施。

①将数据库中需要保护的部分与其他部分隔离。

②使用授权规则。

③将数据加密，并以密码的形式存于数据库内。

（三）数据的完整性

通常表明数据在可靠性与准确性上是可信赖的，同时也意味着数据有可能是无效的或不完整的。数据完整性包括数据的正确性、有效性和一致性。

（四）并发控制

如果数据库应用要实现多用户共享数据，就可能在同时刻多个用户要存取数据，这种事件称为并发事件。当一个用户取出数据进行修改，在修改存入数据库之前如有其他用户再取此数据，那么读出的数据就是不正确的。这时就需要对这种并发操作施行控制，排除和避免这种错误的发生，保证数据的正确性。

（五）故障恢复

当数据库系统运行时出现物理或逻辑上的错误，系统能尽快恢复正常，这就是数据库系统的故障恢复功能。

三、数据库管理系统的安全

数据库管理系统是一个专门负责数据库管理和维护的计算机软件系统。它是数据库系统的核心，对数据库系统的功能和性能有着决定性影响。

（一）DBMS 的主要职能

①有正确的编译功能，能正确执行规定的操作。

②能正确执行数据库命令。

③保证数据的安全性、完整性，能抵御一定程度的物理破坏，能维护和提交数据库内容。

④能识别用户，分配授权和进行访问控制，包括身份识别和验证。

⑤顺利执行数据库访问，保证网络通信功能。

（二）数据库管理员的主要职责

①决定数据库的信息内容和结构。

②决定数据库的存储结构和存取策略。

③定义数据的安全性要求和完整性约束条件。

④确保数据库的安全性和完整性。不同用户对数据库的存取权限、数据的保密级别和完整性约束条件也应由数据库管理员负责决定。

⑤监督和控制数据库的使用和运行。

⑥数据库系统的改进和重组。

四、数据库安全的威胁

发现威胁数据库安全的因素和检查相应措施是数据库安全性的一个问题的两个方面，两者缺一不可。

对数据库构成的威胁主要有篡改、损坏和窃取三种情况。

（一）篡改

所谓的篡改指的是对数据库中的数据未经授权进行修改，使其失去原来的真实性。篡改是因人为因素而产生的。一般来说，产生这种人为篡改的原因有以下几点。

①个人利益驱动。

②隐藏证据。

③恶作剧。

④无知。

（二）损坏

网络系统中数据的损坏是数据库安全所面对的一个威胁。其表现的形式是，表和整个数据库部分或全部被删除、移走或破坏。产生损坏的原因主要有破坏、恶作剧和病毒等。

（三）窃取

窃取一般是指对敏感数据的窃取，其手法除了将数据复制到软盘之类的可移动的介质上以外，还可以把数据打印后取走。导致窃取的原因有以下几点。

①商业间谍。

②不满和要离开的员工。

③被窃取的数据可能比想象中更有价值。

五、数据库的数据保护

（一）数据库的故障类型

数据库的故障是指从保护安全的角度出发，数据库系统中会发生的各种故障。这些故障主要包括：事务内部的故障、系统故障、介质故障，以及计算机病毒与黑客等。

①事务内部的故障。事务是指并发控制的单位，它是一个操作序列。在这个序列中的所有操作只有两种行为：要么全都执行，要么全都不执行。因此，

事务是一个不可分割的单位。事务以 commit 语句提交给数据库，以 rollback 作为对已经完成的操作的撤销。

事务内部的故障多发生于数据的不一致性，主要表现如下：丢失修改；不能重复读；“脏”数据的读出，即不正确数据的读出。

②系统故障。它又称软故障，是指系统突然停止运行时造成的数据库故障，如 CPU 故障、突然断电和操作系统故障等。这些故障不会破坏数据库，但会影响正在运行的所有事务，因为数据库缓冲区中的内容会全部丢失，运行的事务非正常终止，从而造成数据库处于一种不正确的状态。这种故障对于一个需要不停运行的数据库来讲损失是不可估量的。

③介质故障。它又称硬故障，主要指外存故障，如磁盘磁头碰撞、瞬时的强磁场干扰等。这类故障会破坏数据库或部分数据库，并影响正在使用数据库的所有事务。

④病毒。它是一种计算机程序，它的功能在于破坏计算机中的数据，使计算机处于一种不正确的状态，妨碍计算机用户的使用。而且病毒具有自我繁殖的能力，传播速度很快。有些病毒一旦发作就会马上摧毁系统。黑客的危害要比计算机病毒更大。黑客往往是一些精通计算机网络和软硬件的计算机操作者，他们利用一些非法手段取得计算机的授权，非法却又随心所欲地读取甚至修改其他计算机数据，造成巨大的损失。

（二）数据库的数据保护

数据库保护主要是指数据库的安全性、完整性和并发控制。

1. 数据库的安全性

安全性问题是所有计算机系统共有的问题，并不是数据库系统特有的，但由于数据库系统数据量庞大且多用户存取，安全性问题就显得尤为突出。由于安全性的问题可分为系统问题与人为问题，所以一方面我们可以从法律、政策、伦理、道德等方面控制约束人们对数据库的安全使用，另一方面可以从物理设备、操作系统等方面加强保护，保证数据库的安全。另外，还可以从数据库本身实现数据库的安全性保护。

（1）用户标识和认证

通过核对用户的名字或身份，决定该用户对系统的使用权。数据库系统不允许未经授权的用户对数据库进行操作。

当用户登录时，系统用一张用户口令表来鉴别用户身份。另外一种标识鉴定的方法是用户不用标识自己，系统提供相应的口令表。这个口令表是系统给出的一个随机数，用户按照某个特定的过程或函数进行计算后给出结果值，系统同样按照这个过程或函数对随机数进行计算，如果与用户输入的相等则证明此用户为合法用户，可以接着为用户分配权限。否则，系统认为此用户根本不是合法用户，拒绝其进入数据库系统。

（2）存取控制

对于存取权限的定义称为授权。这些定义经过编译后存储在数据字典中。每当用户发出数据库的操作请求后，DBMS 查找数据字典，根据用户权限进行合法权检查。若用户的操作请求超出了定义的权限，系统就拒绝此操作。授权编译程序和合法权益检查机制一起组成了安全性子系统。

在数据库系统中，不同的用户对象有着不同的操作权限。对数据库的操作权限一般包括查询权、记录的修改权、索引的建立权和数据库的创建权。应把这些权限按一定的规则授予用户，以保证用户的操作在自己的权限范围之内。

（3）数据分级

有些数据库系统对安全性的处理是把数据分级。这种方案为每一个数据对象（文件、记录或字段等）赋予一定的保密级。例如：绝密级、机密级、秘密级和公用级。对于用户，也分成类似的级别，系统便可规定两条规则。

第一条：用户只能查看比他级别低的或同级的数据。

第二条：用户只能修改和他同级的数据。

在第二条中，用户显然不能修改比他级别高的数据，同时他也不能修改比他级别低的数据。如果用户要修改比他级别低的数据，那么首先要降低用户的级别或提高数据的级别使得两者之间的级别相等。

数据分级法是一种独立于值的一种简单的控制方式。它的优点是系统能执行“信息流控制”。

（4）数据加密

为了更好地保证数据的安全性，可用密码存储口令、数据，对远程终端信息用密码传输防止中途非法截获等。我们把原始数据称为明文，用加密算法对明文进行加密。加密算法输入的是明文和密钥，输出的是密文。加密算法可以公开，但加密一定是保密的。密文对于不知道加密钥的人来说是不易解密的。

“密钥加密法”可以随意使用加密算法和加密密钥，但相应的解密密钥是保密的。因此密钥法有两个密钥，一个用于加密，另一个用于解密，而且解密钥不能由加密密钥推出。即便有人能进行数据加密，如果不授权解密，他几乎不可能解密。

2. 数据的完整性

数据的完整性主要是指防止数据库中存在不符合语义的数据，防止错误信息的输入和输出。数据完整性包括数据的正确性、有效性和一致性。

实现对数据的完整性约束要求系统有定义完整性约束条件的功能和检查完整性约束条件的方法。

数据库中的所有数据都必须满足自己的完整性约束条件，这些约束包括以下几点。

①数据类型与值域的约束。

②关键字约束。

③数据联系的约束。

3. 数据库的并发控制

目前，多数数据库都是大型多用户数据库，所以数据库中的数据资源必须是共享的。为了充分利用数据库资源，应允许多个用户并行操作数据库。数据库必须能对这种并行操作进行控制，即并发控制，以保证数据在不同的用户使用时的一致性。

六、数据库备份与恢复

数据库的失效往往导致一个机构的瘫痪，然而，任何一个数据库系统总不可能不发生故障。数据库系统对付故障有两种办法：一种方法是尽可能提高系统的可靠性；另一种办法是在系统发出故障后，把数据库恢复至原来的状态。仅仅有第一种方法是远远不够的，还必须有第二种办法，即必须有数据库发生故障后恢复到原状态的技术。

目前，备份的趋势是实现无人值守的自动化备份、可管理性、灾难性恢复，这三点正是针对系统的高效率、数据与业务的高可用性而增强的。

（一）数据库备份的评估

数据库系统如果发生故障可能会导致数据的丢失，要恢复丢失的数据，必须对数据库系统做备份。在此之前，对数据库的备份做一个全面的评估是很有必要的。

①备份方案的评估。对数据库备份方案的评估主要指的是在制定数据库备份方案之前必须对下列问题进行分析，在分析的基础上做出评估。其中包括备份所需的费用的评估和技术评估。

②数据库备份的类型。常用的数据库备份的方法有冷备份、热备份和逻辑备份三种。

冷备份的思想是关闭数据库系统，在没有任何用户对它进行访问的情况下备份。这种方法在保持数据的完整性方面是最好的一种。冷备份通常在系统无人使用的时候进行。冷备份的最好办法之一是建立一个批处理文件，该文件在指定的时间先关闭数据库，然后对数据库文件进行备份，最后再启动数据库。

数据库正在运行时所进行的备份称为热备份。数据库的热备份依赖于系统的日志文件。在备份进行时，日志文件将需要做更新或更改的指令“堆起来”，并不是真正将任何数据写入数据库记录。当这些被更新的业务被堆起来时，数据库实际上并未被更新，因此，数据库能被完整地备份。

所谓的逻辑备份是使用软件技术从数据库中提取数据并将结果写入一个输出文件。该输出文件不是一个数据库表，而是表中所有数据的映像。

（二）数据库备份的性能

数据库备份的性能可以用被复制到磁带上的数据量和进行该项工作所花的时间两个参数来说明。提高数据库备份性能的方法有以下几种。

①升级数据库管理系统。

②使用更快的备份设备。

③备份到磁盘上。磁盘可以是处于同一系统上的，也可以是 LAN 的另一个系统上的。

④使用本地备份设备。使用此方法时应保证连接的小型计算机系统接口（SCSI）适配卡能承担高速扩展数据传输。

⑤使用分区备份。直接从磁盘分区读取数据，而不是使用文件系统 API 调用。这种办法可加快备份的执行。

（三）系统和网络的完整性

1. 服务器保护

保护服务器的办法包括以下几种。

①电力调节，以保证能使服务器运行足够长的时间以完成数据库的备份。

②环境管理，应将服务器置于有空调的房间，通风口和管理应保持干净，并定期检查和清理。

③服务器所在房间应加强安全管理。

④做好服务器中硬件的更换工作，从而提高服务器中硬件的可靠性。

⑤尽量使用辅助服务器以提供实时故障的跨越功能。

⑥通过映像技术或其他任何形式进行复制以便提供某种程度的容错功能。

2. 客户机的保护

对客户机的保护可以从以下几个方面进行。

①电力调节，以保证客户机正常运行所需的电力供应。

②配置后备电源，确保电力供应中断之后客户机能持续运行，直至文件被保存和完成业务。

③定期更换客户机或工作站的硬件。

3. 网络连接

网络连接是指处于服务器与工作站或客户机之间的线缆、集线器、路由器或其他类似的设备。为此，线缆的安装应具有专业水平，且用的配件应保证质量，还须配有网络管理工具监测通过网络连接的数据传输。

（四）制定备份的策略

备份主要考虑以下的几个因素。

①备份周期是按月、周、天还是小时。

②使用冷备份还是热备份。

③使用增量备份还是全部备份，或者两者同时使用。（增量备份只备份自上次备份后的所有更新的数据，全部备份是完整备份数据库中所有数据。）

④使用什么介质进行备份，备份到磁盘还是磁带。

⑤是人工备份还是设计一个程序定期自动备份。

⑥备份介质的存放是否防窃、防磁、防火。

（五）备份方案的选择

目前，市场上磁带机数据备份技术的主要技术包括 3 种，分别是数码音频磁带（DAT）技术、数码线性磁带（DLT）技术及线性磁带开放协议（LTO）技术。

1. DAT 技术

DAT 技术，最初是由惠普（HP）公司与索尼（SONY）公司共同开发出来的。这种技术以螺旋扫描记录为基础，将数据转化为数字后再存储下来。DAT 能在非常合理的价位提供高质量的数据保护。在信息存储领域里，DAT 技术一直是被极为广泛应用的技术，而且种种迹象表明，DAT 的这种优势还将继续保持下去。这种技术大受欢迎的原因在于它具有很高的性价比。以 HP DAT 技术为例。第一，在性能方面，这种技术生产出的磁带机平均无故障工作时间已达到 300

000 h；在可靠性方面，它所具有的即写即读功能能在数据被写入之后马上进行检测，这不仅确保了数据的可靠性，而且节省了大量时间。第二，这种技术的磁带机种类繁多，能够满足绝大部分网络系统备份的需要。第三，这种技术所具有的硬件数据压缩功能能大大加快备份速度，而且压缩后的数据安全性更高。第四，由于这种技术在全世界都被广泛应用，所以在全世界都可以得到这种技术产品的持续供货与良好的售后服务。第五，DAT 技术产品的价格格外吸引人，这种价格上的优势不仅体现在磁带机上，在磁带上也得到了充分体现。

2. DLT 技术

DLT 技术采用单轴 1/2 英寸（1 英寸 =2.54 厘米）磁带仓，以纵向曲线性记录法为基础。DLT 产品定位于中、高级的服务器市场与磁带库应用系统。目前 DLT 驱动器的容量从 10 GB 到 35 GB 不等，数据传送速度相应为 1.25Mb/s 至 5Mb/s。

3. LTO 技术

LTO，是由 HP、IBM、希捷（Seagate）这三家厂商在 1997 年 11 月联合制定的，其结合了线性多通道、双向磁带格式的优点，基于服务系统、硬件数据压缩、优化的磁道面和高效率纠错技术，来提高磁带的能力和性能。LTO 技术是一种“开放格式”的技术，上述三家厂商将生产许可开放给存储介质、磁带机的生产商，使不同厂商的产品能更好地进行兼容，这意味着用户将拥有多项产品和介质。开放性还带来更多的发明创新，使产品的价格下降，用户受益。同时，LTO 还特别规定，由第三方进行每年一次的兼容测试，以确保产品的延续性更好。

目前，LTO 具有两种存储格式：高速开放磁带格式（Ultrium）和快速访问开放磁带格式（Accelis）。出现两种格式是因为并不是所有的用户都要求相同的特性和功能性。一些应用程序强调重点在“读”，要求快速的数据访问速度；而另一些应用程序则重点在于“写”，要求最高的磁带存储能力。

针对不同的应用环境与需求，需要采用相应的备份方案。HP 将用户需求分为三个不同的层次，其备份产品分为磁带机、自动加载磁带机以及磁带库。

（1）中小企业：磁带机与单键灾难恢复

任何企业、任何一个信息系统，都可能会发生灾难，但如何保证灾难的影响能够轻轻一点就消除呢？对于中小企业来说，HP Storage Works DAT、SDLT/DLT、Ultrium 磁带机产品加上 HP 单键灾难恢复技术（OBDR）是一个不错的选择，可以用于灾难恢复及数据传递等。

利用 OBDR 技术，一旦系统出现故障，IT 管理人员可以直接从磁带机上引导整个系统，同时将数据完整地恢复出来，无须重新安装操作系统和应用程序。使用极为简便。利用 OBDR，自动在每次备份时自动生成，在灾难恢复时无须软件或 CD，而且只需要少量的时间和少量的技术知识，从单介质上恢复。与常规的灾难性恢复方案相比，HP 单键灾难恢复方案使以往需要四步的工作简化为两步，并且操作人员可以完全不懂计算机管理。管理人员只需要更换硬件，然后以灾难恢复（DR）方式启动，再只需要按个键，系统就能自动恢复。单键灾难恢复方案的特点是高可靠性、速度快、最易实现及具有无人值守的备份功能。

（2）中型数据备份技术应用：自动加载磁带机与无人值守的备份

自动加载磁带机是备份市场未来发展的重点产品。HP 的自动加载磁带机可以实现单服务器和多服务器的自动备份，是中小企业以及部门进行存储备份的理想工具。HP 自动加载磁带机从磁带技术上分为 DAT、DLT、LTO 等技术，分别针对办公室服务器备份、本地网络备份及远程网络备份，全面提高了硬件管理效率，并提供了有效机架空间，满足了用户更高的容量要求。

（3）大型数据库备份：磁带库 + DP 软件

对于大型企业来说，HP 磁带库加上 HP OpenView Storage Data Protector 5.1 软件，将为数据提供百分百的备份保险。其中，HP Storage Works MSL 5000 系列磁带库为中档和部门级的企业客户提供全面的备份和恢复解决方案，HP Storage Works ESL 9000 系列磁带库为高端企业客户的关键任务数据存储需求提供高度可靠的备份和恢复解决方案。

（六）数据库的恢复

恢复也称为重载或重入，是指当磁盘损坏或数据库崩溃时，通过转储或卸载的备份重新安装数据库的过程。

1. 恢复技术的种类

恢复技术大致可以分为以下三种。

（1）单纯以备份为基础的恢复技术

周期性地把磁盘上的数据库复制或转储到磁带上。

（2）以备份和运行日志为基础的恢复技术

系统运行日志用于记录数据库运行的情况，一般包括三个内容：前像（Before Image，BI）、后像（After Image，AI）和事务状态。所谓的前像是指数据库被一个事务更新时，所涉及的物理块更新后的影像，它以物理块为单位。前像在恢复中所起的作用是帮助数据库恢复到更新前的状态，即撤销更新，这种操作称为撤销（Undo）。后像恰好与前像相反，它是当数据库被某一事务更新时，所涉及的物理块更新前的影像，其单位和前像一样以物理块为单位。后像的作用是帮助数据库恢复到更新后的状态，相当于重做一次更新。这种操作在恢复技术中称为重做（Redo）。每个事务有两种可能的结果：一是事务提交后结束，这说明事务已成功执行，事务对数据库的更新能被其他事务访问；二是事务失败，需要消除事务对数据库的影响，对这种事务的处理称为卷回（Rollback）。基于以备份和日志为基础的这种恢复技术，当数据库失效时，可取出最近的备份，然后根据日志的记录，对未提交的事务用前像卷回，这称为向后恢复（Backward Recovery）；对已提交的事务，必要时用后像重做，称向前恢复（Forward Recovery）。这种恢复技术的缺点是，由于需要保持一个运行的记录，既花费较大的存储空间，又影响到数据库正常工作的性能。它的优点是可使数据库恢复到最近的某一已知的正确状态（又称一致状态）。大多数数据库管理系统都支持这种恢复技术。

（3）基于多备份恢复技术

多备份恢复技术的前提是每一个备份必须具有独立失效模式，这样可以利用这些备份互为备份，用于恢复。所谓独立失效模式是指各个备份不至于因同一故障而一起失效。获得独立失效模式的一个重要的因素是各备份的支持环境尽可能独立，其中包括不共用电源、磁盘、控制器以及 CPU 等。在部分可靠性要求比较高的系统中，采用磁盘镜像技术，即数据库以双备份的形式存放在两个独立的磁盘系统中。为了使失效模式独立，两个磁盘系统有各自的控制器和 CPU，但彼此可以相互切换。在读数时，可以选读其中任一磁盘；在写数据时，两个磁盘都写入同样的内容。当个磁盘中的数据丢失时，可用另一个磁盘的数据来恢复。

2. 恢复的办法

数据库的恢复大致有以下两种办法。

①周期性地对整个数据库进行转储，把它复制到备份介质中（如磁带中），作为后备副本，以备恢复之用。转储通常又可分为静态转储和动态转储。静态转储是指转储期间不允许对数据库进行任何存取、修改活动，而动态转储是指在存储期间允许对数据库进行存取或修改。

②对数据库的每次修改，都记下修改前后的值，写入“运行日志”中。它与后备副本结合，可有效地恢复数据库。

3. 利用日志文件恢复事务

①登记日志文件。在事务运行过程中，系统把事务开始、事务结束以及对数据库的插入、删除、修改等每一个操作作为一个登记记录存放到日志文件中。

②事务恢复。

③利用转储和日志文件。当数据库本身被破坏时（如硬盘故障和病毒破坏）可重装转储的后备副本，然后运行日志文件，执行事务恢复，这样就可以重建数据库。

4. 易地更新恢复技术

每个关系有一个页表，页表中每项是一个指针，指向关系中的每一页（块）。当更新时，旧页保留不变，另找一个新页写入新的内容。在提交时，把页表的指针从旧页指向新页，即更新页表的指针。旧页实际上起到了前像的作用。由于存储介质可能发生故障，后像还是需要的。

（七）失效的类型及恢复的对策

1. 事务失效

（1）造成事务失效的原因

①事务无法执行而自行中止。

②操作失误或改变主意而要求撤销事务。

③由于系统调度上的原因而中止某些事务的执行。

（2）发生事务失效采取的措施

①消息管理丢弃该事务的消息队列。

②如果需要可进行撤销。

③从活动事务表中删除该事务的事务标识，释放该事务占用的资源。

2. 系统失效

这里所指的系统包括操作系统和数据库管理系统。系统失效是指系统崩溃，必须重新启动系统，内存中的数据可能丢失，而数据库中的数据未遭破坏。

（1）发生系统失效的原因

①掉电。

②除数据库存储介质外的软硬件故障。

③重新启动操作系统和数据库管理系统。

（2）发生系统失效应采取的措施

①恢复数据库至一致状态时。

②对未提交的事务进行 Undo 操作。

③对已提交的事务进行 Redo 的操作。

3. 介质失效

介质失效是指磁盘发生故障，数据库受损，如划盘、磁头破损等。现代的 DBMS 对介质失效一般都提供恢复数据库至最近状态的措施，具体过程如下。

①修复系统，必要时更换磁盘。

②如果系统崩溃，则重新启动系统。

③加载最近的备份。

④用运行日志中的后像重做，取最近备份以后提交的所有事务。

参考文献

[1] 王国才，施荣华．计算机通信网络安全［M］．北京：中国铁道出版社，2016．

[2] 原锦明．网络安全技术研究［M］．成都：四川大学出版社，2017．

[3] 鲁智勇，杜静，黄赪东．网络安全防护理论与技术［M］．北京：国防工业出版社，2017．

[4] 张剑．网络安全意识提升［M］．成都：电子科技大学出版社，2017．

[5] 杨文俊．网络安全事件防范与应对［M］．北京：中国环境出版社，2017．

[6] 刘坤．网络安全技术项目化教程［M］．北京：北京理工大学出版社，2017．

[7] 李晓会．网络安全与云计算［M］．沈阳：东北大学出版社，2017．

[8] 黄晓芳．网络安全技术原理与实践［M］．西安：西安电子科技大学出版社，2018．

[9] 王琮玮．网络安全合规指引［M］．北京：中国人民公安大学出版社，2018．

[10] 陈长松．网络安全管理实践［M］．北京：中国人民公安大学出版社，2018．

[11] 封化民，孙宝云．网络安全治理新格局［M］．北京：国家行政学院出版社，2018．

[12] 王智江．网络安全法概论［M］．西安：西北工业大学出版社，2018．

[13] 王磊．网络安全实践教程［M］．北京：中国铁道出版社，2018．

[14] 朱超军．网络安全与网络行为研究［M］．北京：北京理工大学出版社，2019．

[15] 温爱华，赵滨，高媛媛．网络安全防护与管理技术研究［M］．长春：吉林大学出版社，2019．

[16] 秦燊，劳翠金，程钢. 计算机网络安全防护技术 [M]. 西安：西安电子科技大学出版社，2019.

[17] 郭扬帆，魏书山. 医院网络安全建设指引 [M]. 广州：暨南大学出版社，2019.

[18] 白洁. 基于网络环境背景下的计算机信息处理与安全技术分析 [J]. 山东工业技术，2017（6）：137.

[19] 刘秀芬. 基于网络环境背景下计算机信息处理与安全技术的探讨 [J]. 电脑编程技巧与维护，2019（4）：175-176.

[20] 朱红雅. 浅谈网络环境下计算机信息处理中的问题与对策 [J]. 数码世界，2020（4）：41.